高职高专土建类工学结合“十二五”规划教材

建筑制图与识图习题集

主编　梁胜增　张兴才
主审　李　翔

华中科技大学出版社
中国·武汉

内 容 简 介

本习题集是《建筑制图与识图》一书的配套教材。本书内容编排顺序与教材相同，即任务一为绘图基础、任务二为投影的基本知识、任务三为工程立体的投影、任务四为轴测投影、任务五为剖面图与断面图、任务六为建筑施工图、任务七为结构施工图。

本书可供高职高专院校及成人高等教育学校建筑类及相关专业学生使用，也可供相关专业技术人员学习参考。

图书在版编目(CIP)数据

建筑制图与识图习题集/梁胜增，张兴才主编. —武汉：华中科技大学出版社，2015.6(2023.10重印)
ISBN 978-7-5680-0991-1

Ⅰ. ①建… Ⅱ. ①梁… ②张… Ⅲ. ①建筑制图-识别-高等职业教育-习题集 Ⅳ. ①TU204-44

中国版本图书馆 CIP 数据核字(2015)第 139925 号

建筑制图与识图习题集 梁胜增 张兴才 主编

策划编辑：金 紫 封面设计：原色设计
责任编辑：陈 骏 责任校对：刘 竣
责任监印：张贵君
出版发行：华中科技大学出版社(中国·武汉) 电话：(027)81321913
武汉市东湖新技术开发区华工科技园 邮编：430223
录 排：华中科技大学惠友文印中心
印 刷：武汉邮科印务有限公司
开 本：787mm×1092mm 1/16
印 张：10.5
字 数：272 千字
版 次：2023 年10月第 1 版第 3 次印刷
定 价：26.00 元

前　　言

本习题集是《建筑制图与识图》一书的配套教材。本书是根据高等工程类专科院校教育的培养方向，本着基本原理与实际应用相结合的原则进行编写。

全书在编写过程中力求突出以下特点。

（1）严格采用国家最新颁布的《房屋建筑制图统一标准（GB/T 50001—2010）》、《建筑制图标准（GB/T 50104—2010）》等有关国家标准。

（2）习题集编排顺序与教材体系保持一致，注重以高等职业教育应用为主，突出理论联系实际的特点。

（3）注重实践，强化基础。各章均以基本题为主，辅以少量综合题，突出对投影基础和表示能力的培养。

为了便于不同类型、不同专业、不同学时的学校选用，习题和作业均有余量。高职高专建筑工程各相关专业可根据具体情况和教学要求，进行适当取舍。

本习题集由梁胜增，张兴才任主编，全书由李翔主审。

在编写本书过程中，编者参考和引用了大量以往教学中常用的图书资料，在此一并向这些图书的作者表示由衷感谢。由于编者水平有限，书中难免存在缺点和错误，敬请使用本书的广大读者批评指正。

编　者

2015 年 7 月

目　　录

任务一　绘图基础	（1）字体练习	班级		姓名		学号	

工 业 民 用 建 筑 厂 房 屋 平 立 剖 面 详 图 门 结 构 施 说 明 比 例

尺 寸 长 宽 高 厚 砖 瓦 窗 门 框 基 础 地 层 楼 板 梁 柱 墙 厕 浴 标

一 二 三 四 五 六 七 八 九 十 东 南 西 北 日 期 设 备 标 号 节 点 面

任务一　绘图基础	（1）字体练习	班级		姓名		学号	

建筑屋面油毡防水绿豆砂保护找平隔热挂瓦顺椽检查顶棚吊搁格栅

屋盖坡度圈梁构造柱砖砌拱过伸缩缝变形勒脚散水明沟水磨石消防

安全板门框百页亮子铁铰链钩玻璃马赛克审核制图号素土夯实焊接

任务一　绘图基础	（1）字体练习	班级		姓名		学号	

ABCDEFGHIJKLMN

OPQRSTUVWXYZ

abcdefghijklmn

opqrstuvwxyz

ABCDEFGHIJKLMNOPQRSTUVWXYZ

abcdefghijklmn

opqrstuvwxyz

1234567890

1234567890

任务一　绘图基础	（2）线型练习	班级		姓名		学号	

1-1　试用 A3 幅面的图纸，按 1:1 的比例用铅笔绘制所给图样。要求线型分明，交接正确。

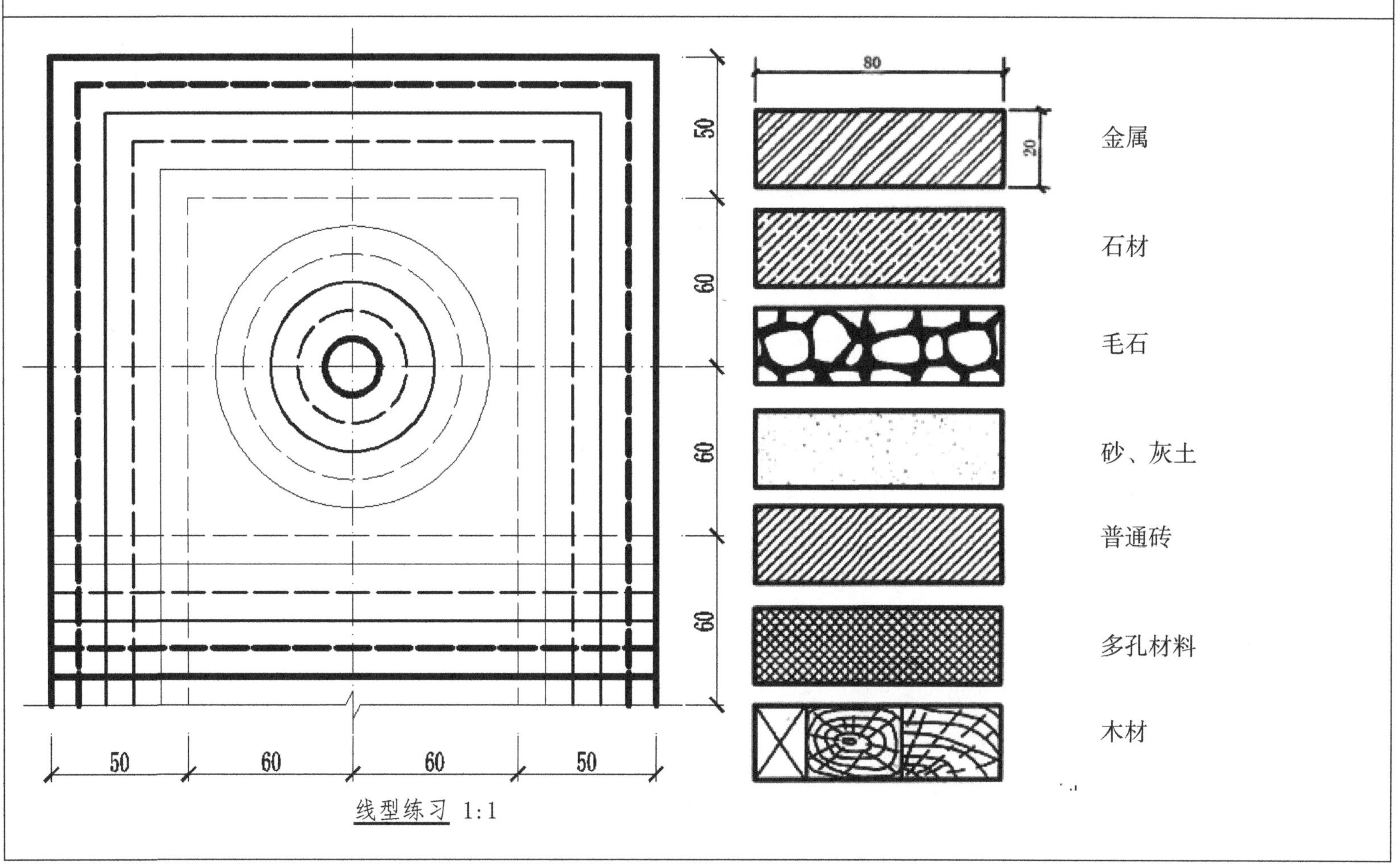

线型练习 1:1

任务一　绘图基础	（2）线型练习	班级		姓名		学号	

1-2　试用 A3 幅面的图纸，1:1 的比例用铅笔绘制所给图样。要求线型分明，交接正确。

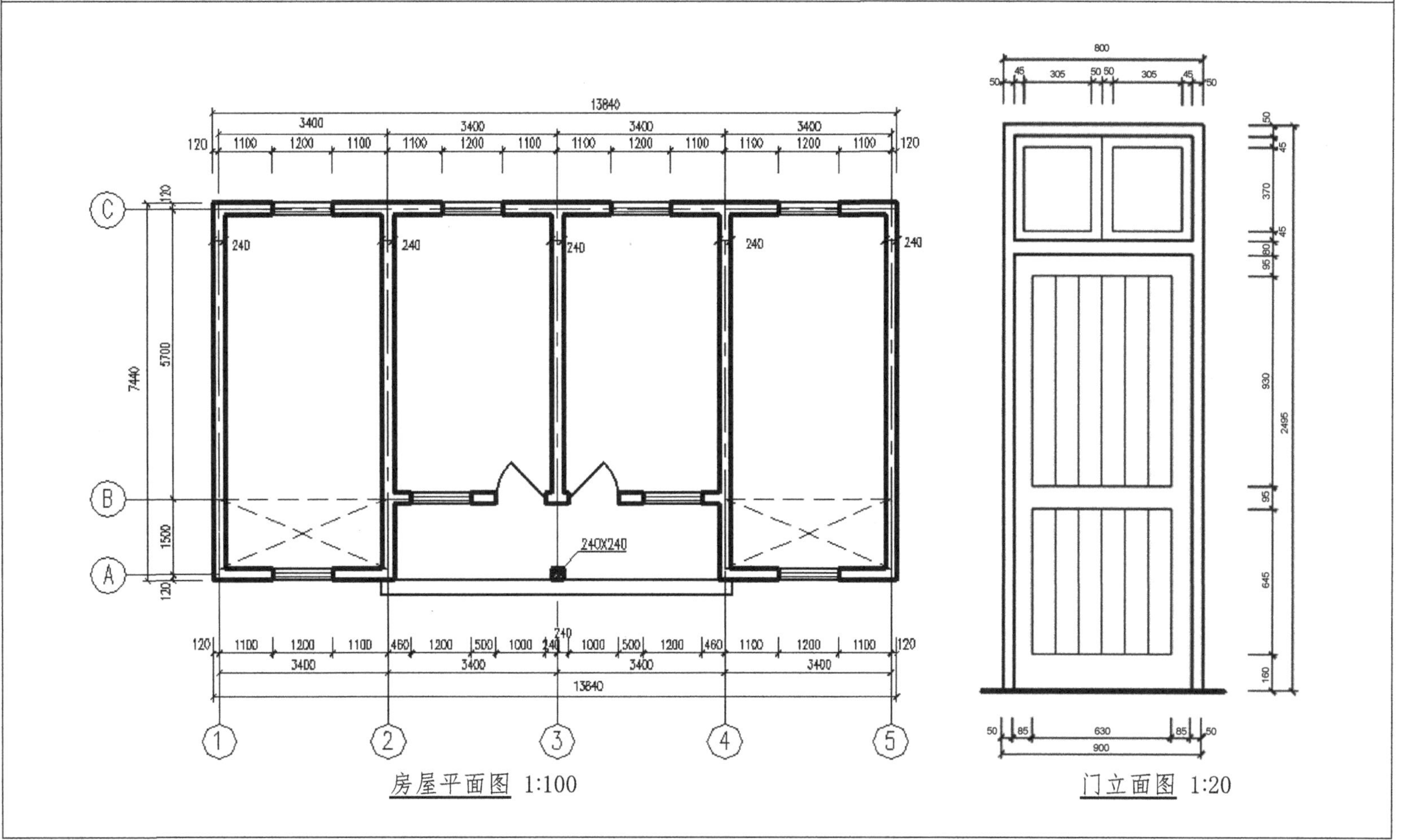

房屋平面图 1:100

门立面图 1:20

任务一　绘图基础	（3）几何作图	班级		姓名		学号	
1-3　试用 A3 幅面的图纸，按所给比例用铅笔绘制所给图样。要求连接光滑，粗细分明，交接正确。							

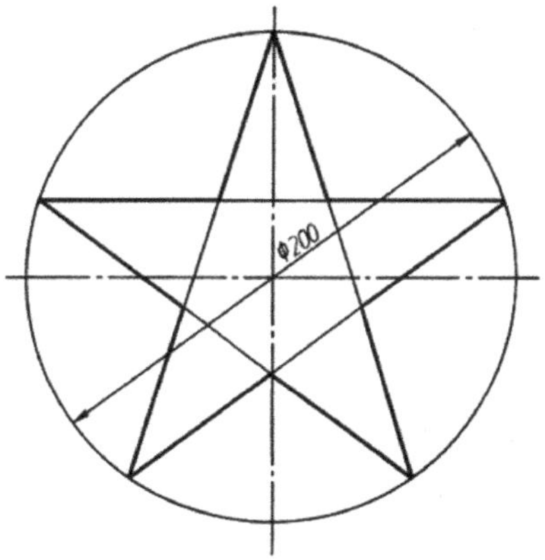

（1）五角星 1:2

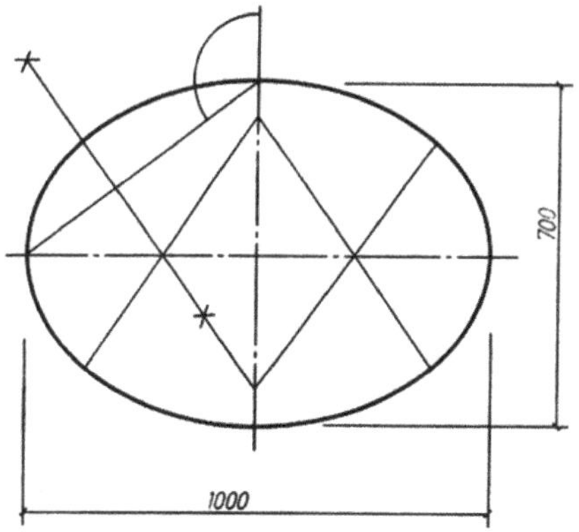

（2）四心法作近似椭圆 1:10

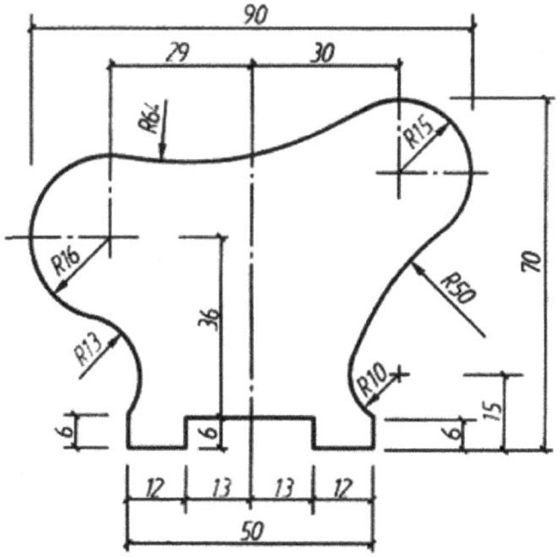

（3）扶手轮廓 1:1

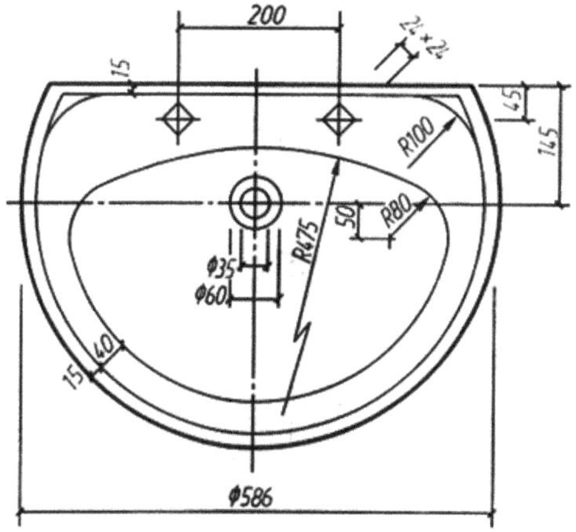

（4）洗手盆 1:6

任务二　投影的基本知识	（1）三面投影的形成	班级		姓名		学号	

2-1　根据立体图画投影图。

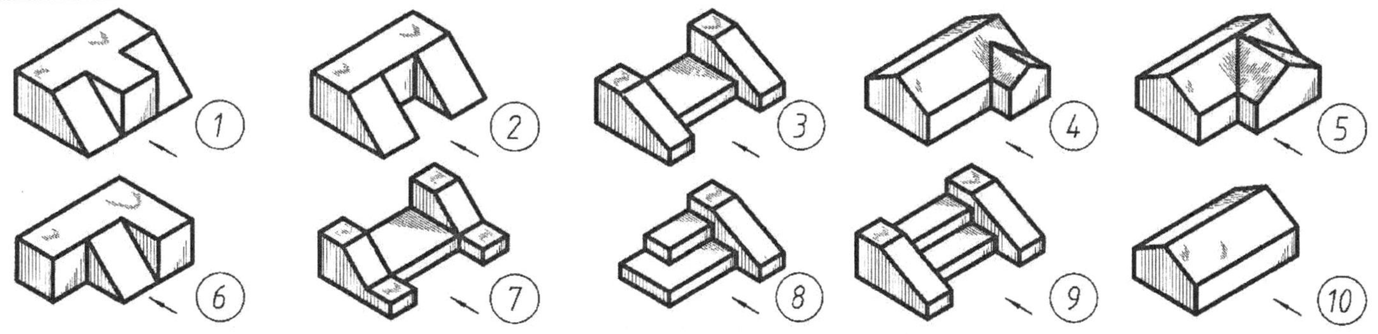

①　②　③　④　⑤

⑥　⑦　⑧　⑨　⑩

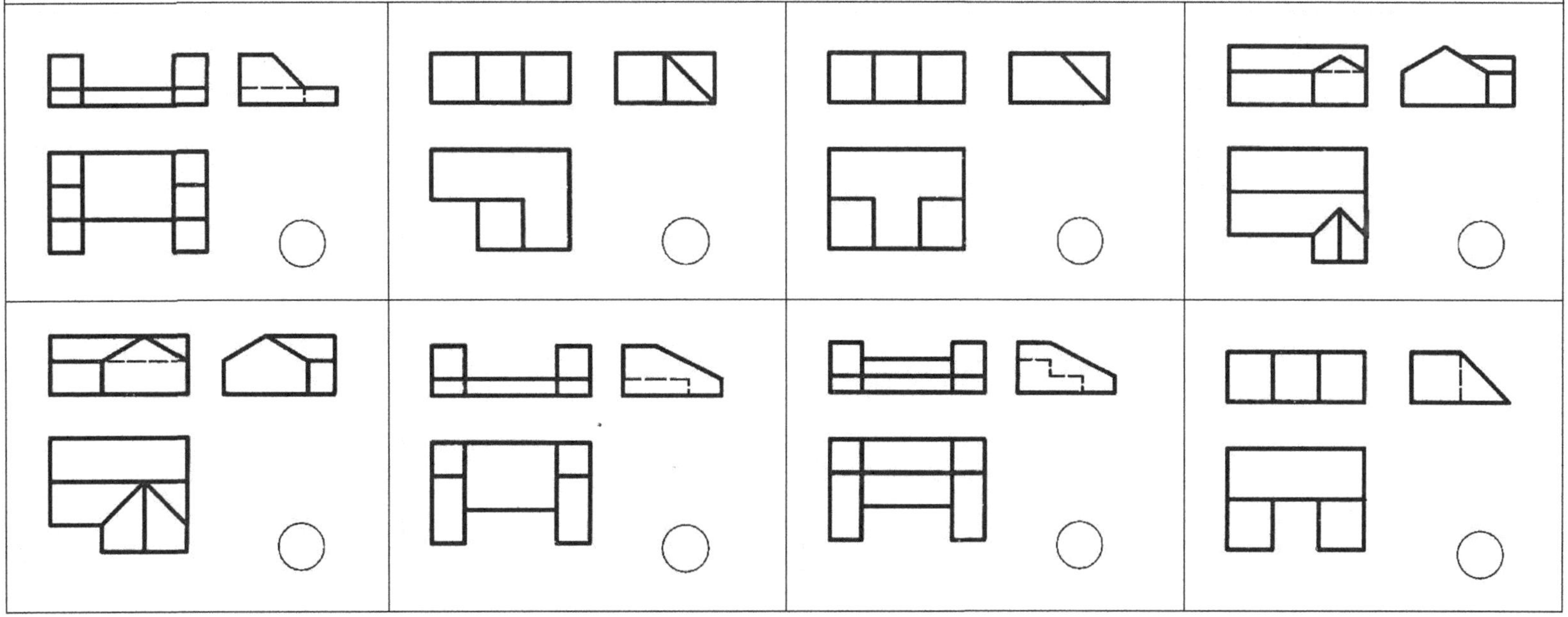

任务二　投影的基本知识	（2）三面投影的形成	班级		姓名		学号	
2-2　根据立体图画出三面投影图（箭头方向为 V 面投影的方向）。							

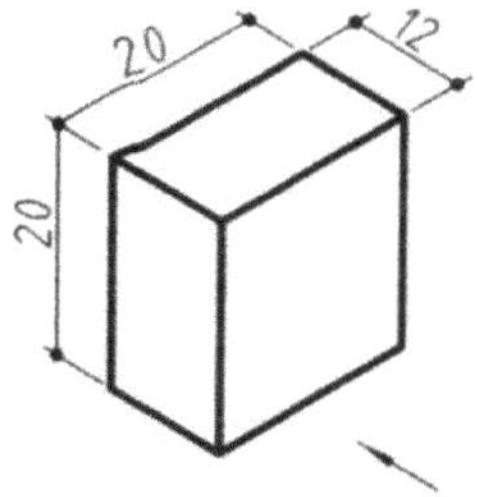

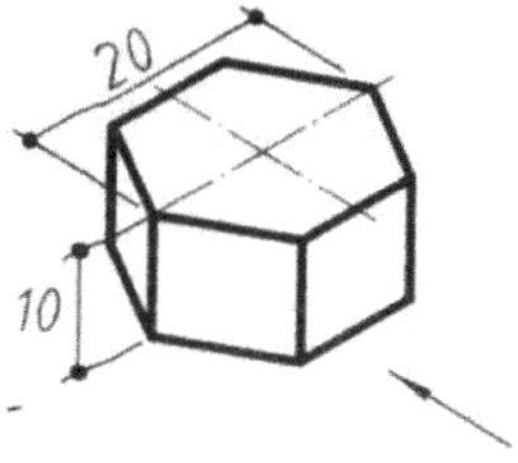

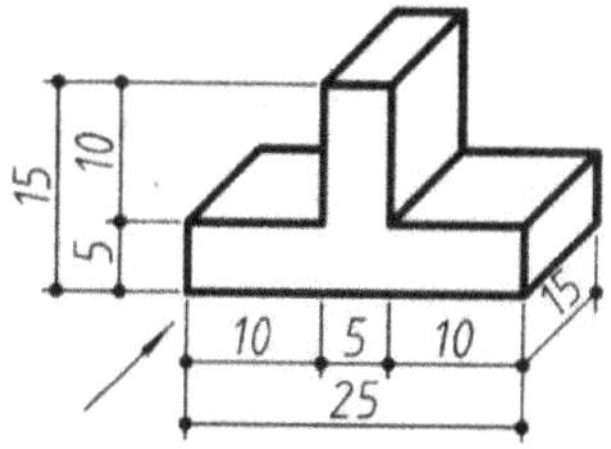

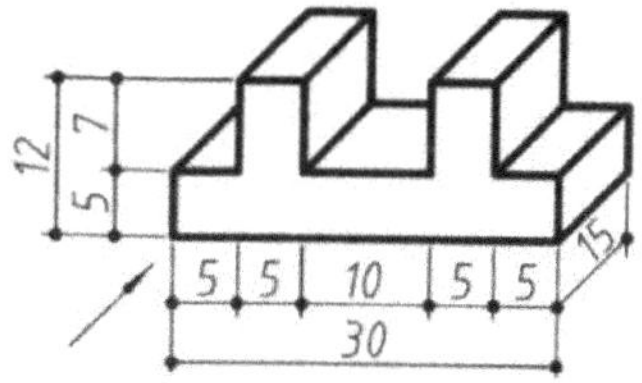

任务二　投影的基本知识	（2）三面投影的形成	班级		姓名		学号	
2-3　根据立体图画出三面投影图（箭头方向为 V 面投影的方向）。							

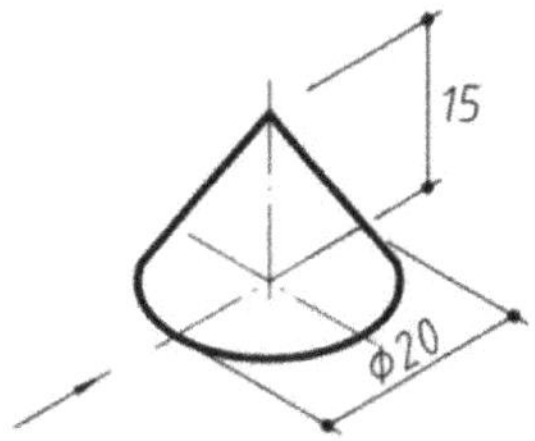

15
ϕ20

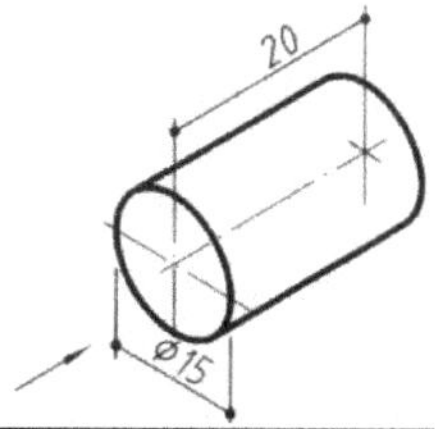

20
ϕ15

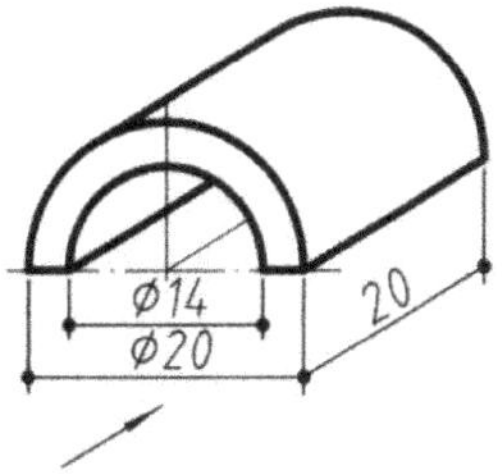

ϕ14
ϕ20
20

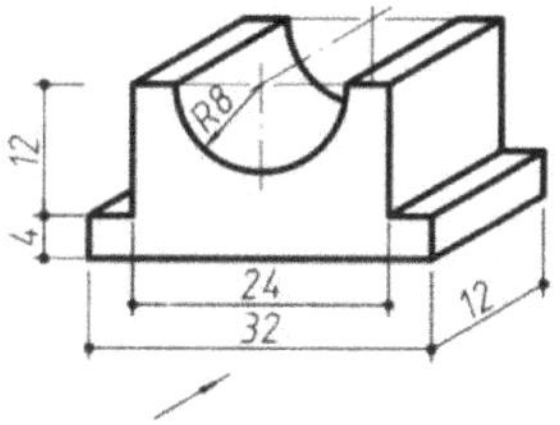

R8
12
4
24
32
12

任务二　投影的基本知识	（3）点的投影	班级		姓名		学号	

2-4　已知点的立体图，按照各轴向 1:1 的比例度量，作出点的三面投影图。	2-5　已知点的两面投影，求作其第三面投影。

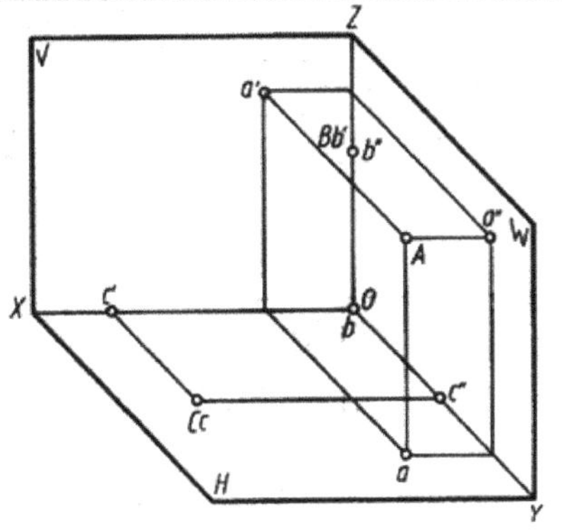

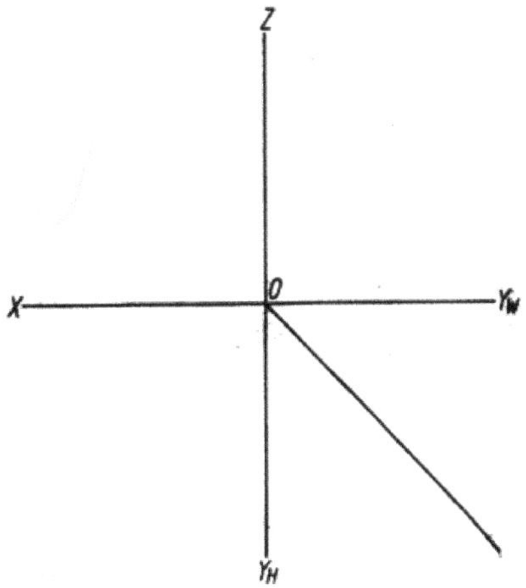

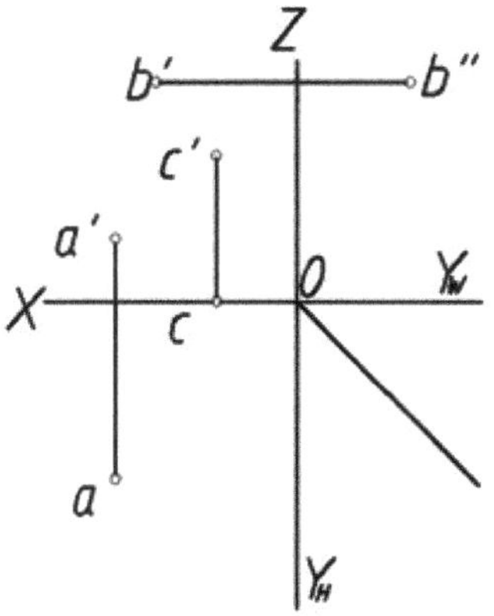

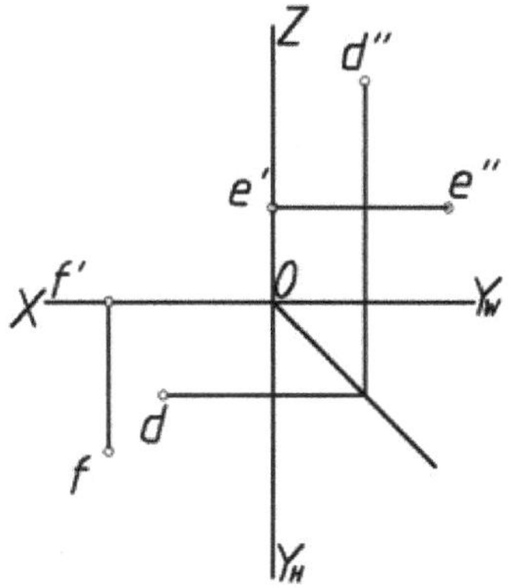

任务二　投影的基本知识	（3）点的投影	班级		姓名		学号	

2-6　已知 *B* 点的三面投影，试画出 *B* 点的空间位置直观图。

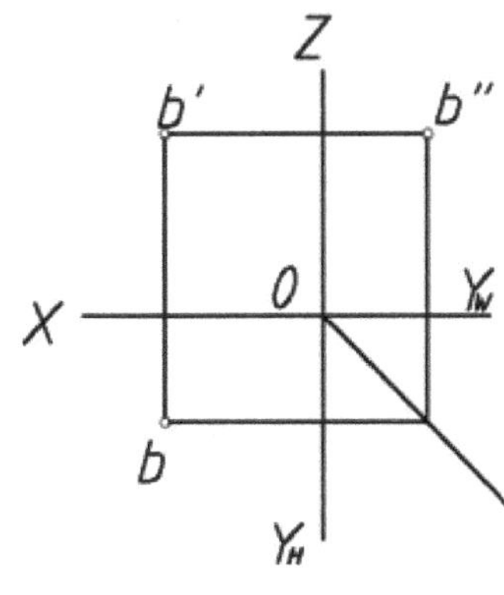

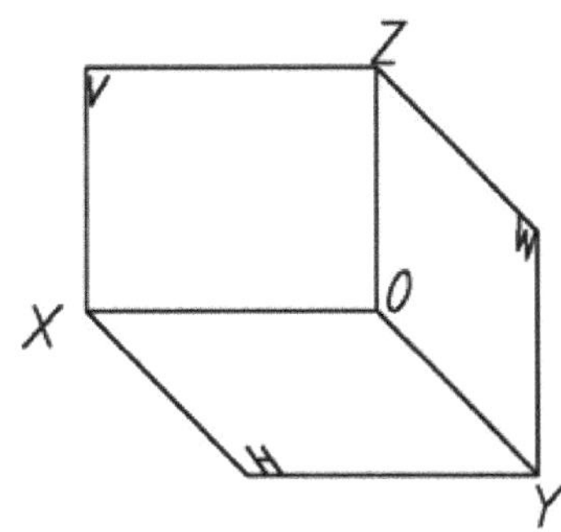

2-7　已知各点的两面投影，求第三投影，并在表格内填上各点到投影面的距离(可直接查格子数量)、各点的位置。

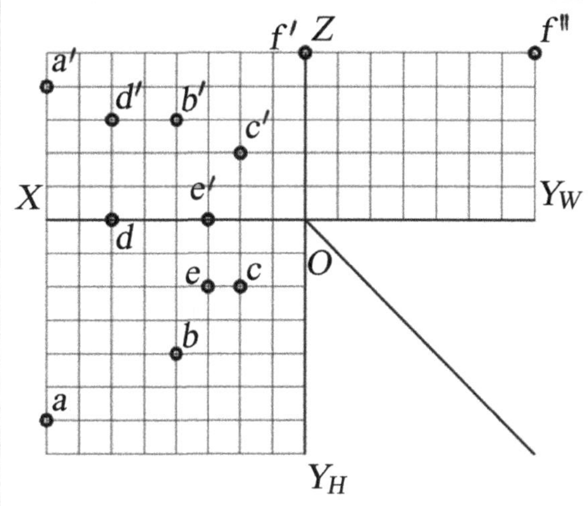

	距 *H* 面距离	距 *V* 面距离	距 *W* 面距离	空间位置
点 *A*				
点 *B*				
点 *C*				
点 *D*				
点 *E*				
点 *F*				

任务二　投影的基本知识	（3）点的投影	班级		姓名		学号	

2-8　已知 K（5，8，11）、L（2，2，0）、M（7，6，4）、N（10，6，4），作各点的三面投影，并判别可见性。

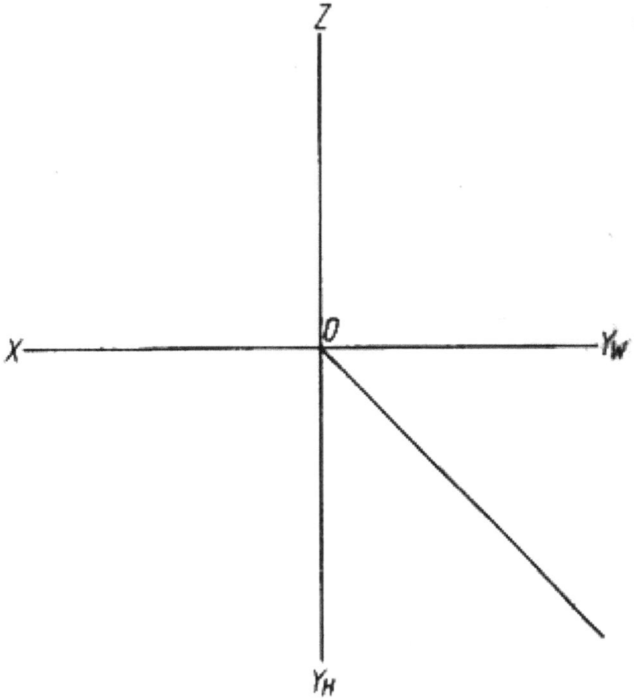

2-9　已知 A（8，5，10）、B（0，7，0）、C（10，0，10）、D（8，5，0），做出各点投影，并判断各点相对位置。

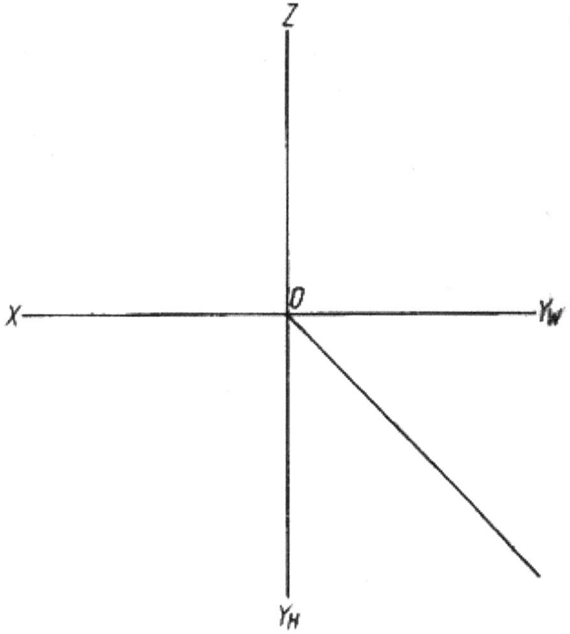

A 点在 B 点的__________方；B 点在 C 点的__________方；

C 点在 D 点的__________方；D 点在 A 点的__________方；

A 点在 C 点的__________方；B 点在 D 点的__________方。

任务二　投影的基本知识	（3）点的投影	班级		姓名		学号	

2-10　已知点 A（24，18，20）、点 B（24，18，0），以及点 C 在点 A 右 10 mm、上 16 mm、前 12 mm，作出这三个点的三面投影（对重影点的重合的投影要表明可见性）。

Z
O
X
Y_W

2-11　已知点的两个投影，补全第三个投影，并判别点的空间位置（如空间点、哪个投影面上的点、哪根投影轴上的点等）。

Z
b′
a′
a″
c″
d′
O d″
X
Y_W
b
c
Y_H

点	A	B	C	D
位置				

任务二　投影的基本知识	（4）直线的投影	班级		姓名		学号	

2-12　求直线的第三面投影，并判断直线的类型。

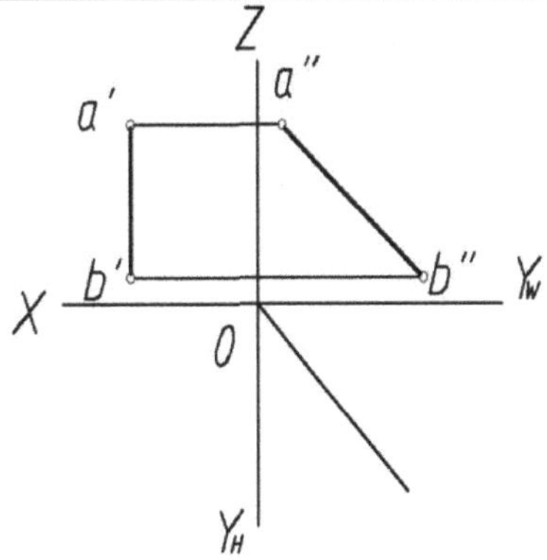

AB 是__________线	CD 是__________线	EF 是__________线	MN 是__________线
AB 是__________线	CD 是__________线	EF 是__________线	GH 是__________线

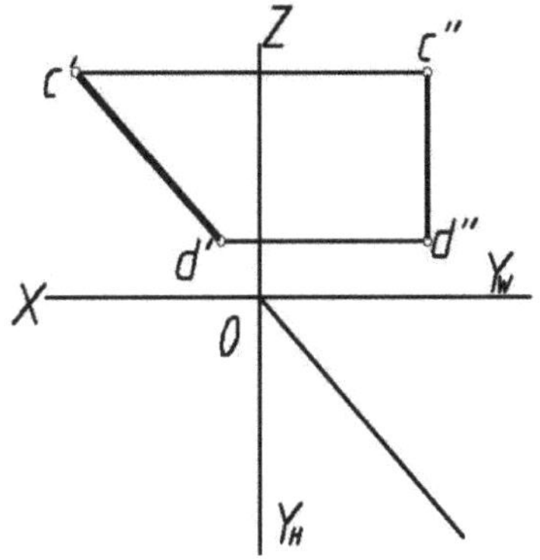

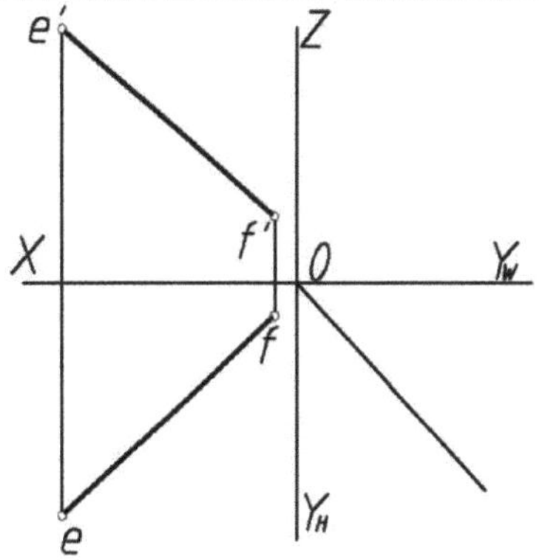

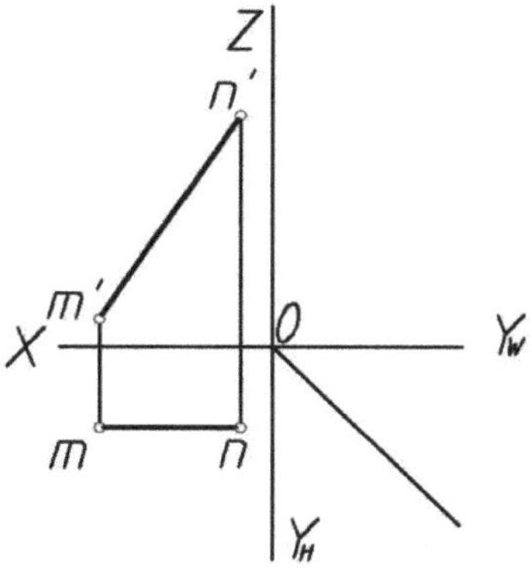

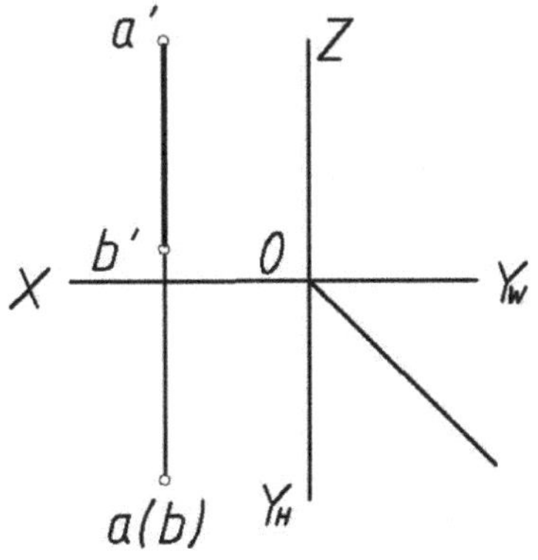

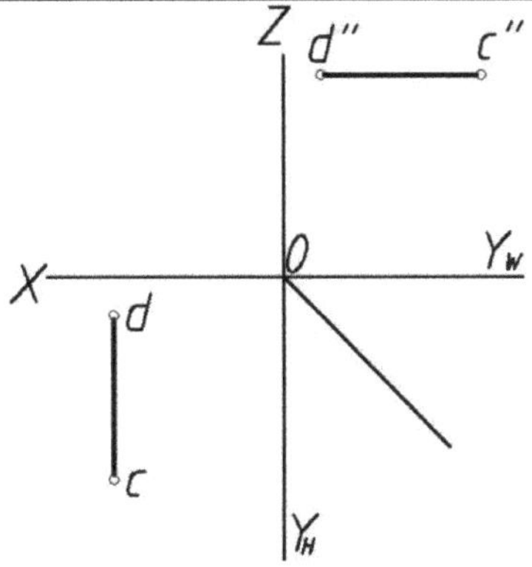

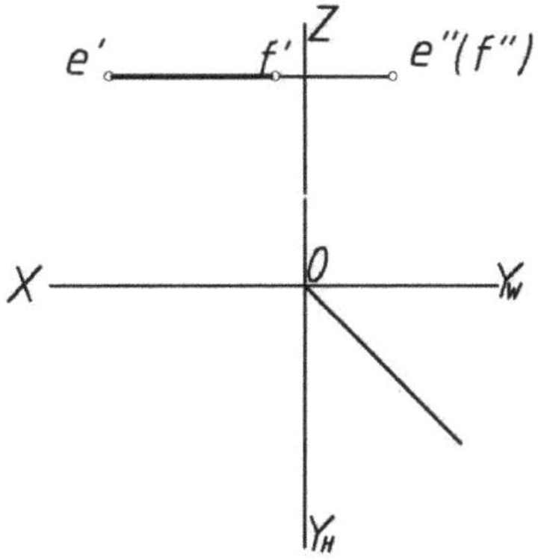

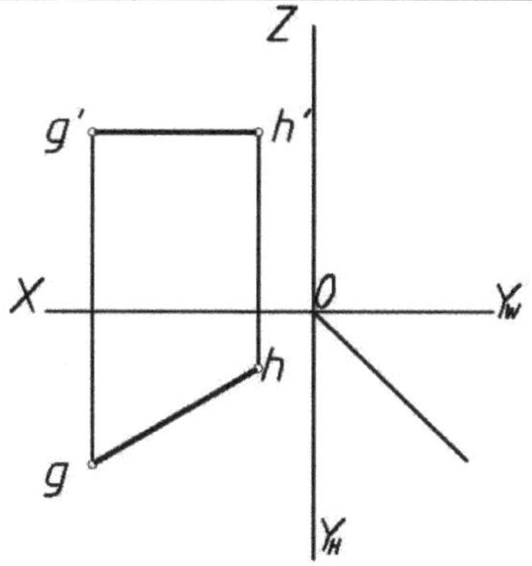

任务二　投影的基本知识	（4）直线的投影	班级		姓名		学号	

2-13　作直线 *AB*、*CD* 的三面投影。（1）已知 *B* 点距 *H* 面 25 mm；（2）已知 *C* 点距 *V* 面 5 mm。

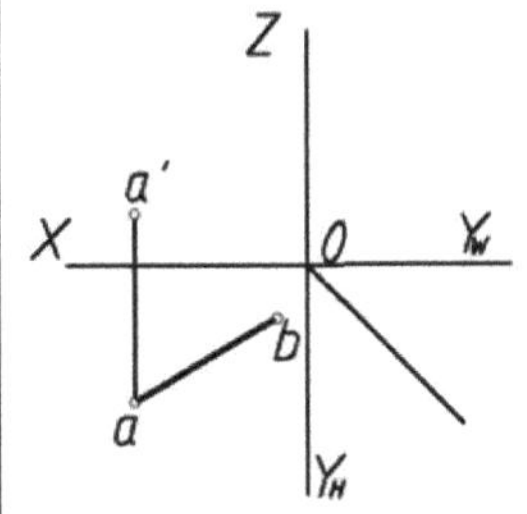

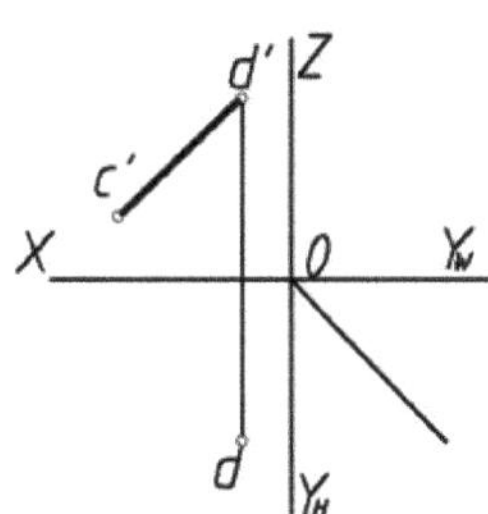

任务二　投影的基本知识	（4）直线的投影	班级		姓名		学号	

2-14　作下列直线的两面投影（只作一解）。（1）水平线 AB，β=30°，AB=20 mm；（2）侧垂线 CD，CD=15 mm。

a′

X　　O

a

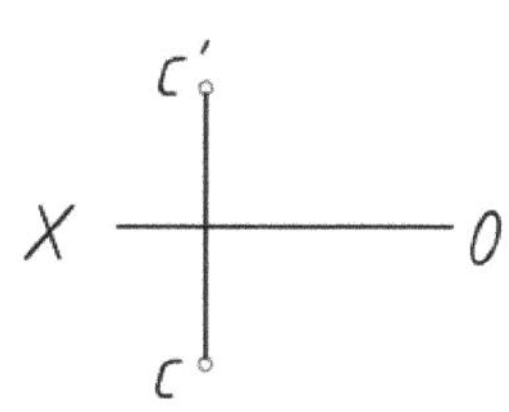

任务二　投影的基本知识	（4）直线的投影	班级		姓名		学号	

2-15　（1）已知 $AB /\!/ H$ 面及 ab 和 a'，求 $a'b'$；（2）已知 $CD /\!/ V$ 面，且距 V 面 20 mm，求作 cd。

a′
X
O
a
b
c′
d′
X
O

2-16　过点 A 作下列直线的三面投影：(1)一般位置直线 AB，点 B 在点 A 之左 20 mm，之后 10 mm，之上 5 mm；(2)正平线 AC，点 C 在点 A 的右上方，$\alpha=30°$，长度为 25 mm；(3)正垂线 AD，点 D 在点 A 的正前方，长度为 15 mm；(4)侧平线 AE，点 E 在点 A 的后下方，$\beta=45°$，长度为 20 mm。

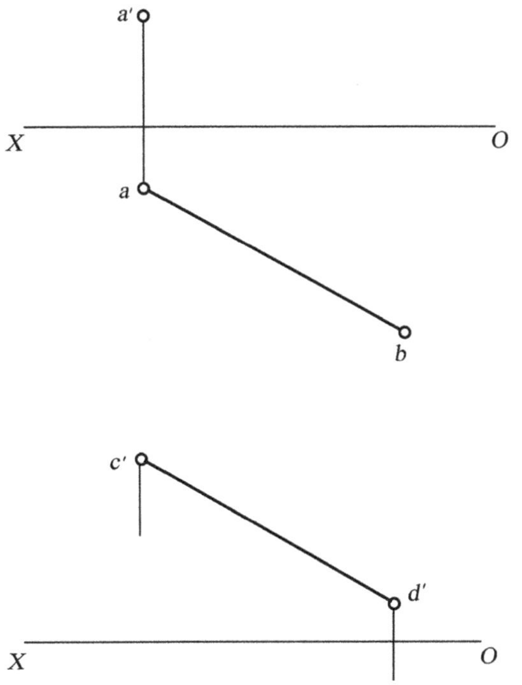

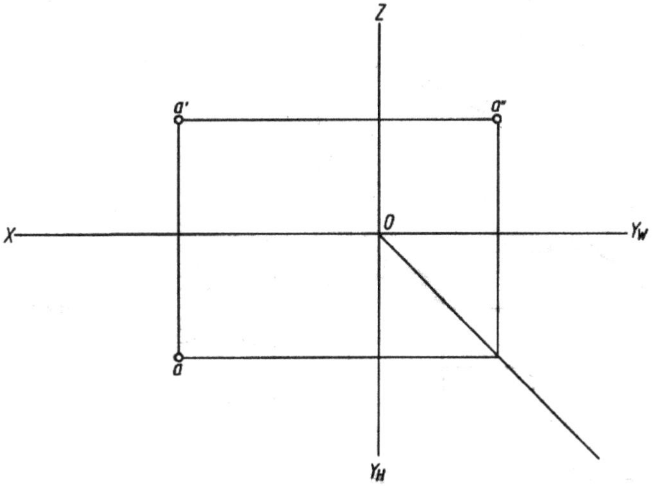

Z
a′
a″
X
O
Y_W
a
Y_H

任务二　投影的基本知识	（4）直线的投影	班级		姓名		学号	

2-17　（1）在直线 *MN* 上求一点 *T*，使 *MT*:*TN*=5:2，作出 *T* 点的投影。（2）已知 *K* 点在 *AB* 上，求出 *k*′。

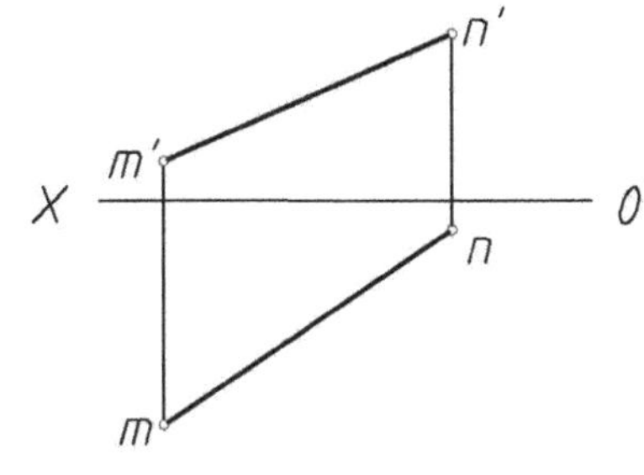

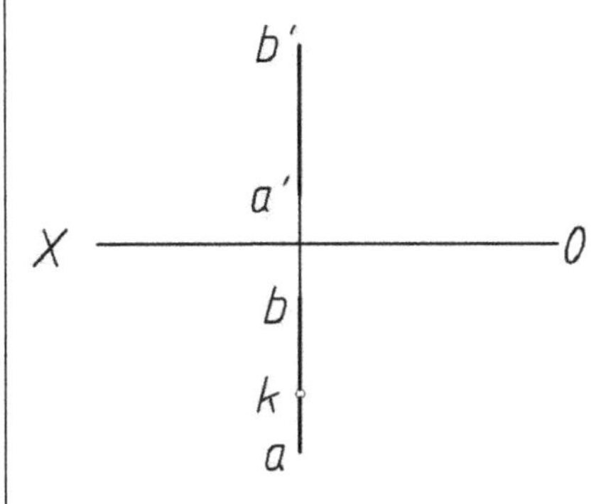

2-18　已知直线 *AB* 和点 *C*、*D*，要求：(1)分别检验点 *C*、*D* 是否在 *AB* 直线上，并按检验结果，在括号内填写“在”或“不在”；(2)已知点 *E* 在直线 *AB* 上，分割 *AB* 成 *AE*:*EB*=3:4，作出直线 *AB* 的 *W* 面投影和点 *E* 的三面投影。

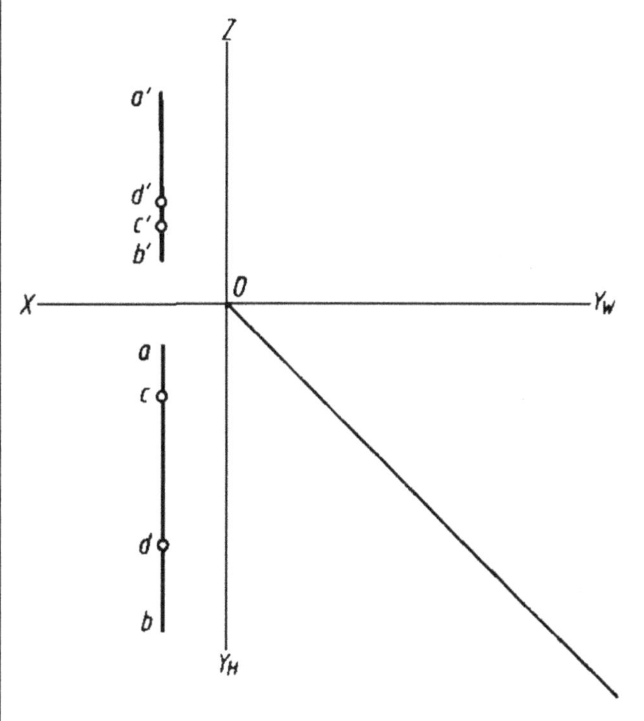

点 *C*（　）直线 *AB* 上；点 *D*（　）直线 *AB* 上。

任务二　投影的基本知识	（4）直线的投影	班级		姓名		学号	

2-19　作 *AB* 线段的实长及对投影面的倾角α、β。	2-20　已知直线 *AB* 的实长为 30 mm，与 *H* 面的倾角α=30°，与 *V* 面的倾角β=45°，并知端点 *A* 的两面投影，以及端点 *B* 在点 *A* 的右、后、下方，作直线 *AB* 的两面投影（提示：可按作直线的真长和倾角的直角三角形法逆求出 *AB* 的投影长度和端点 *A*、*B* 与投影面的距离差解题）。
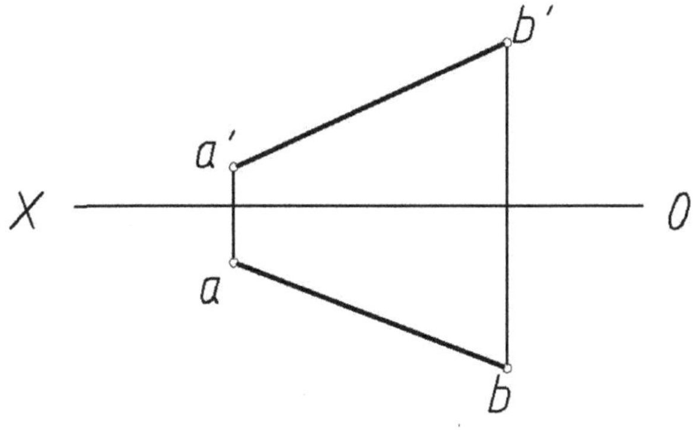 X　a′　b′　a　b　0	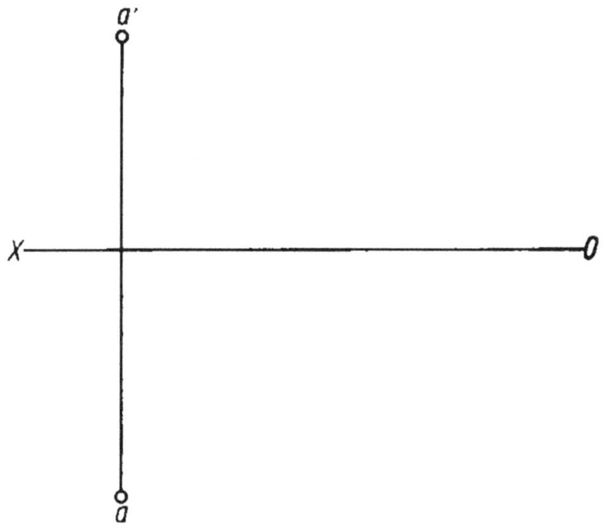 a′　x　0　a

任务二　投影的基本知识	（4）直线的投影	班级		姓名		学号	

2-21　（1）已知直线 *AB* 的投影及 *b*，实长为 22 mm，完成它的投影（求一解）。（2）在 *CD* 上求一点 *K*，使 *CK*=20 mm。

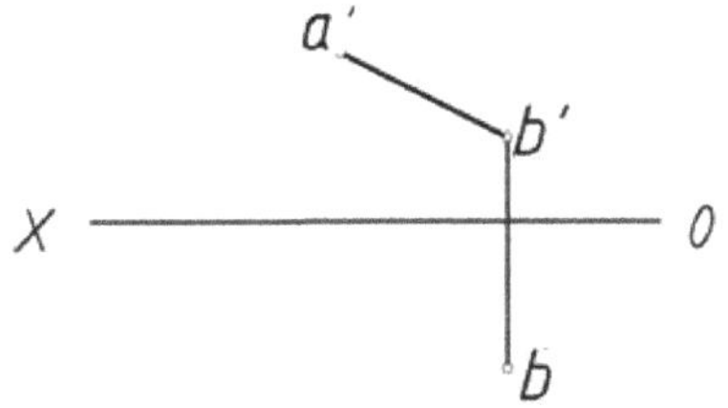

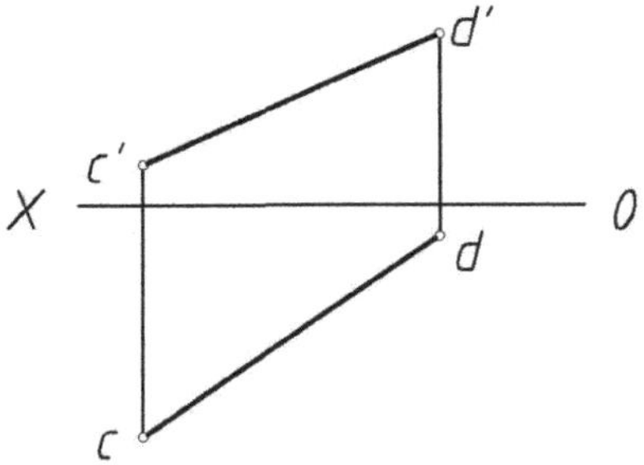

a′
b′
X
0
b

d′
c′
X
0
d
c

2-22　已知直线 *AB* 的实长为 40 mm，点 *B* 比点 *A* 高，作出直线 *AB* 的 *V* 面投影。

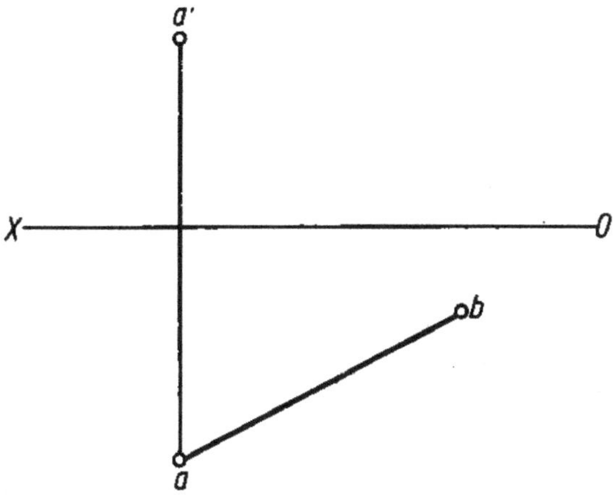

a′
X
0
b
a

任务二　投影的基本知识	（4）直线的投影	班级		姓名		学号	

2-23　判断直线 *AB*、*CD* 的相对位置，并将结果填写在括号内（平行、相交、交叉或垂直）。

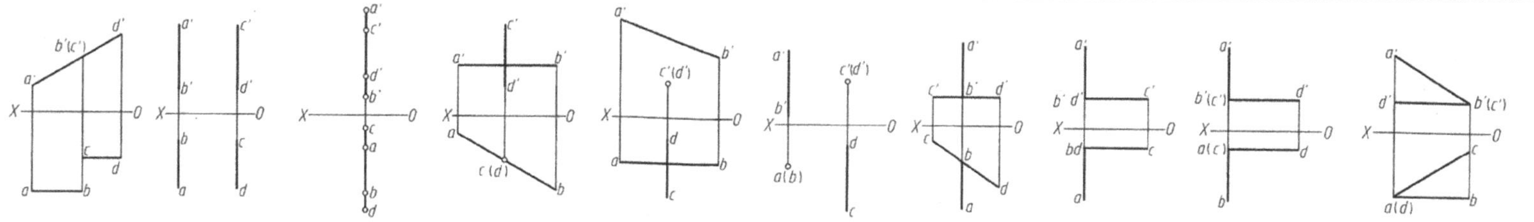

（　）　（　）　（　）　（　）　（　）　（　）　（　）　（　）　（　）　（　）

2-24　作一水平线 *MN* 与 *H* 面相距 20 mm，并与 *AB*、*CD* 分别相交于点 *M*、*N*。

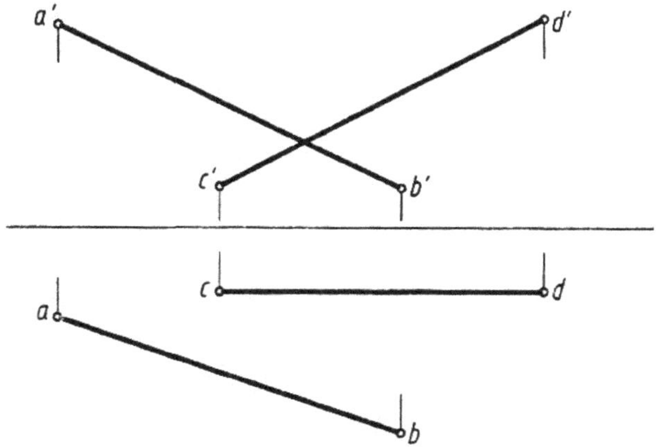

2-25　过点 *C* 作一直线与已知两直线 *AB*、*DE* 相交。

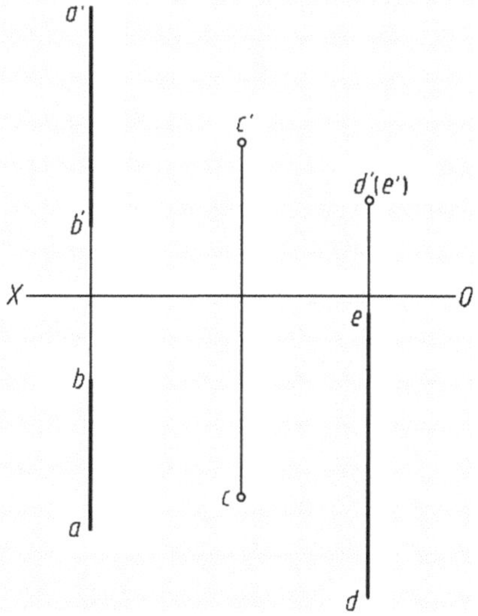

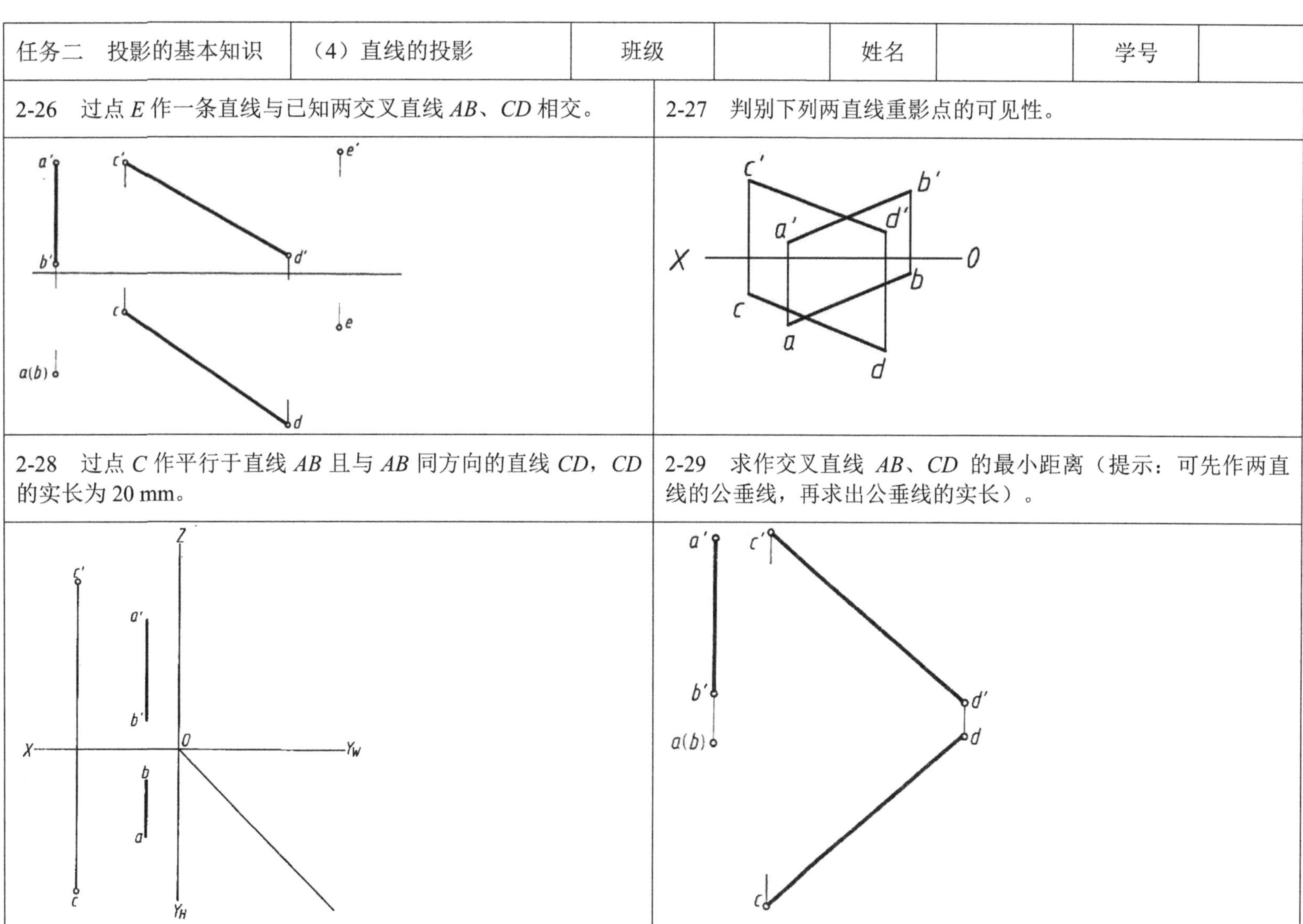

任务二　投影的基本知识	（4）直线的投影	班级		姓名		学号	

2-26　过点 *E* 作一条直线与已知两交叉直线 *AB*、*CD* 相交。

2-27　判别下列两直线重影点的可见性。

2-28　过点 *C* 作平行于直线 *AB* 且与 *AB* 同方向的直线 *CD*，*CD* 的实长为 20 mm。

2-29　求作交叉直线 *AB*、*CD* 的最小距离（提示：可先作两直线的公垂线，再求出公垂线的实长）。

任务二　投影的基本知识	（4）直线的投影	班级		姓名		学号	

2-30　分别作出下列各平面图形的第三投影，并说明各面与投影面的相对位置。

圆平面 *O* 是________面	平面 *ABCDEF* 是________面	平面 *CDEF* 是________面	平面 *EFG* 是________面
平面 *ABCD* 是________面	平面 *ABC* 是________面	平面 *ABCD* 是________面	平面 *ABCD* 是________面

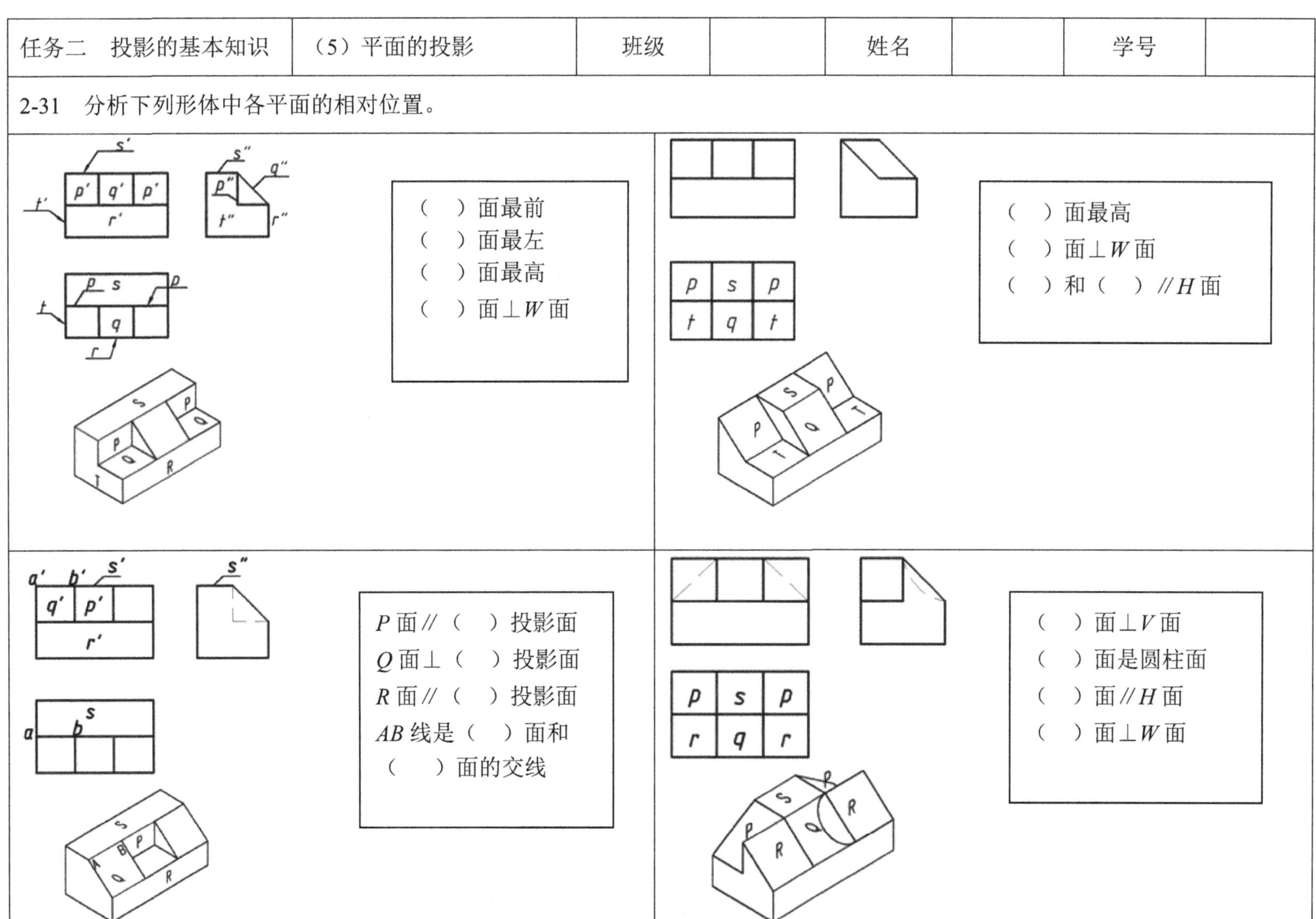
任务二　投影的基本知识
（5）平面的投影
班级
姓名
学号
2-31　分析下列形体中各平面的相对位置。
（　）面最前
（　）面最左
（　）面最高
（　）面⊥W面
（　）面最高
（　）面⊥W面
（　）和（　）//H面
P面//（　）投影面
Q面⊥（　）投影面
R面//（　）投影面
AB线是（　）面和
（　）面的交线
（　）面⊥V面
（　）面是圆柱面
（　）面//H面
（　）面⊥W面

任务二　投影的基本知识	（5）平面的投影	班级		姓名		学号	

2-32　过 AB 作一般位置平面。	2-33　过点 B 作 V 面垂直面，使α=30°。
b′ a′ a b	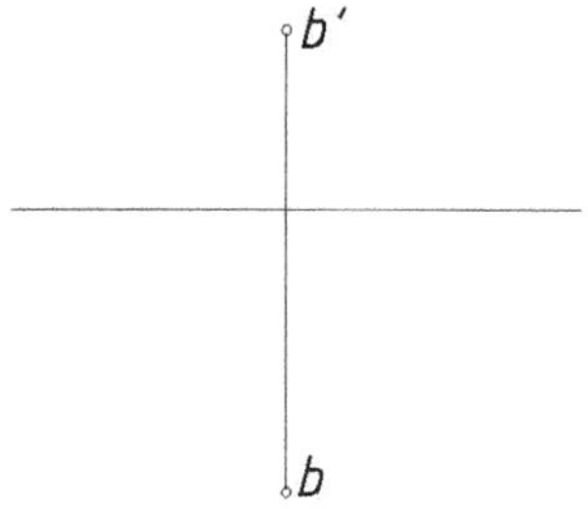 b′ b
2-34　过点 C 作平行于 V 面的正方形，正方形的边长为 15。	**2-35　过线段 CD 作平面垂直于 H 面。**
c′ c	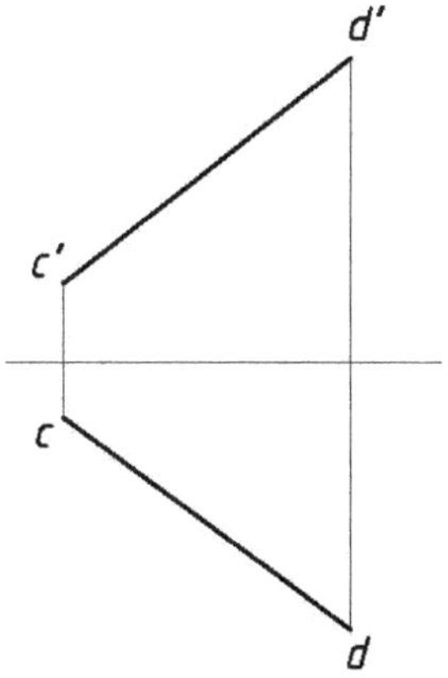 d′ c′ c d

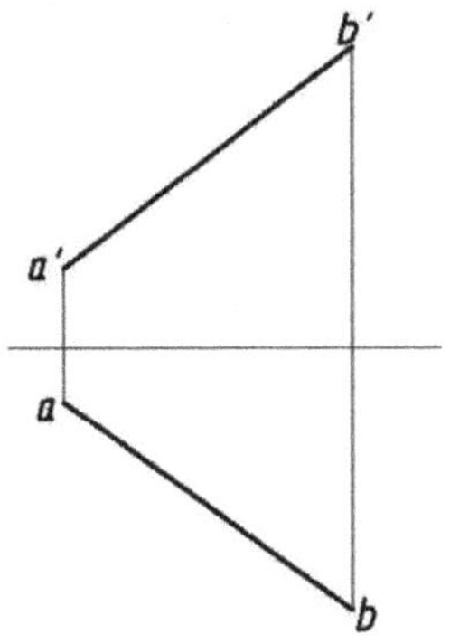

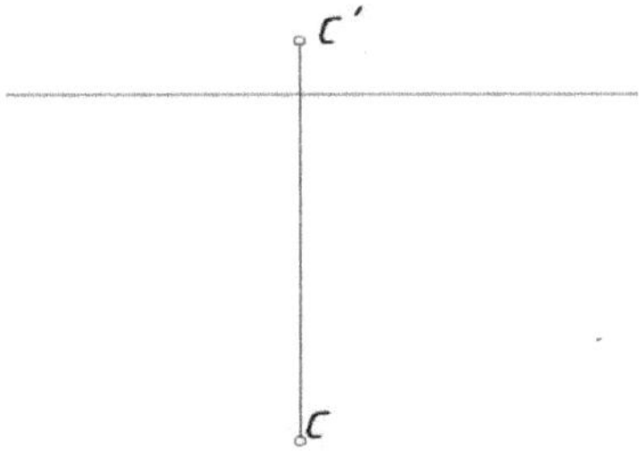

任务二　投影的基本知识	（5）平面的投影	班级		姓名		学号	

2-36　已知等腰直角三角形 *ABC* 的斜边 *AB* 的 *V* 面投影与 *W* 面投影，△*ABC* 与 *H* 面的倾角α=30°，直角顶点 *C* 在 *AB* 的左上方，作出△*ABC* 的三面投影。	2-37　等边三角形 *ABC* 是侧平面，已知点 *A* 的 *V* 面和 *H* 面投影，*AB* 与 *H* 面的倾角α=45°，*AB* 的方向为向上、向前，实长为 15 mm，点 *C* 在 *AB* 的前下方，作出△*ABC* 的三面投影。
Z a′(b′)　b″　a″ X　O　Y_W Y_H	Z a′ X　O　Y_W a Y_H
2-38　已知正方形 *ABCD* 的对角线 *AC* 的两面投影，正方形与 *H* 面的倾角为 60°，顶点 *B* 在后上方，完成正方形的三面投影。	2-39　已知正方形 *ABCD* 平行于 *V* 面，并知其左边 *AB* 的两面投影，完成正方形的三面投影。
Z a′　c′ X　O　Y_W a　c Y_H	Z a′ b′ O　Y_W a(b) Y_H

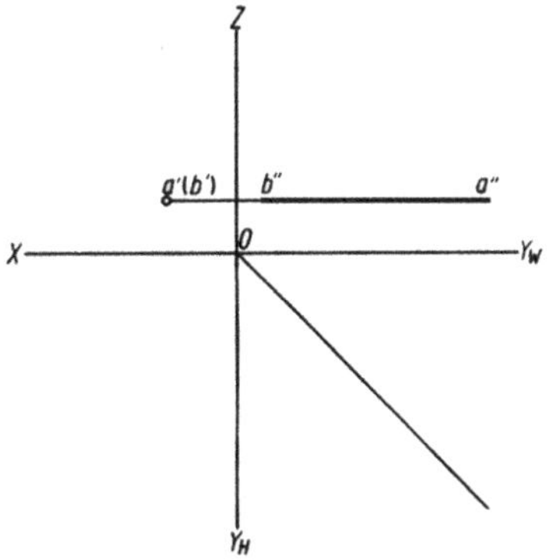

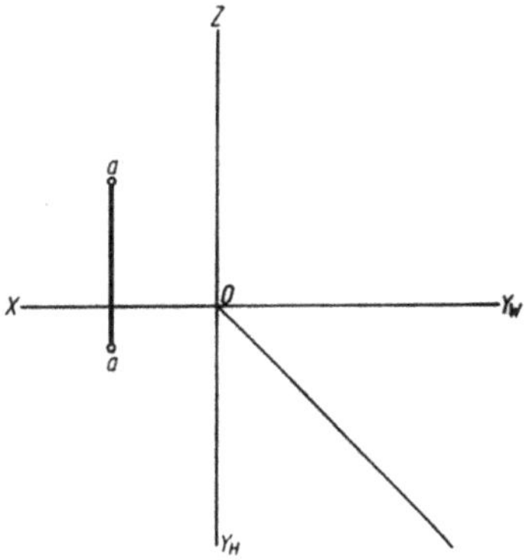

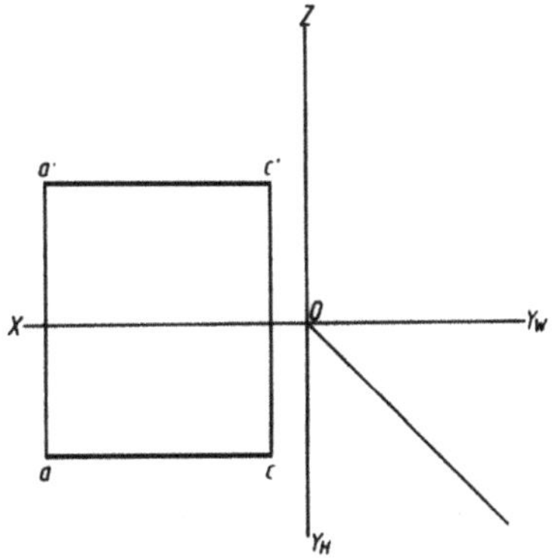

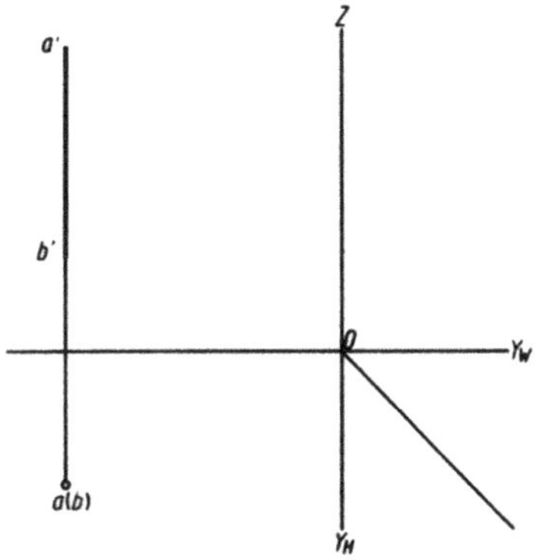

任务二　投影的基本知识	（5）平面的投影	班级		姓名		学号	

2-40　完成矩形 *ABCD* 的两面投影。	2-41　平面 *ABCDE* 中，*BC*//*H* 面，*AE*//*BC*，试补全其 *V* 面投影。
a′ b′ c′ X O b c	b′ a′ X c O d e b a
2-42　已知线段 *AB* 两面投影，作等边三角形 *ABC* 平行于 *H* 面。	2-43　以线段 *AB* 为对角线作正方形垂直于 *V* 面。
a′ b′ a b	b′ a′ a b

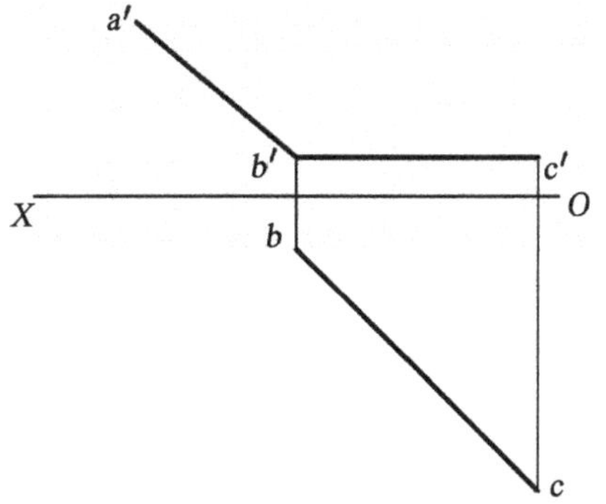

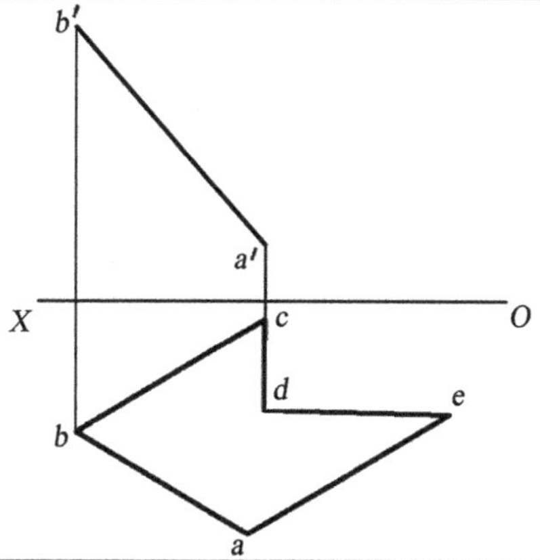

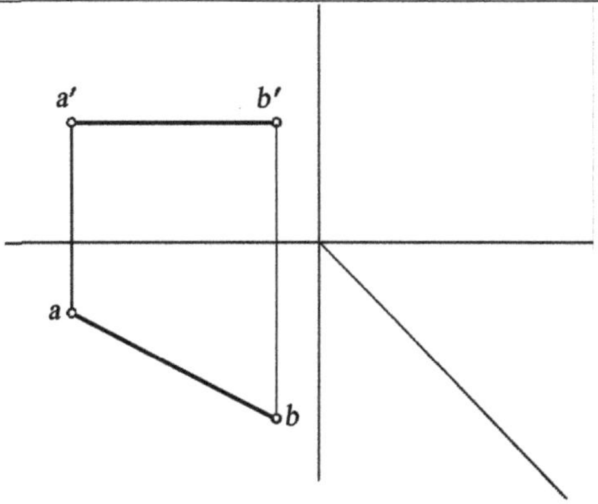

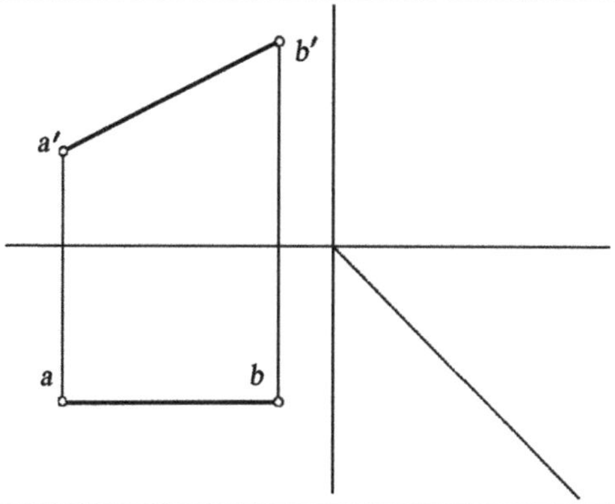

任务二　投影的基本知识	（5）平面的投影	班级		姓名		学号	

2-44　过点 *B* 作矩形 *ABCD*，短边 *AB*=10 且垂直于 *V* 面，长边 *BC*=20，α=30°，求作矩形 *ABCD* 的 *V*、*H* 面投影。	2-45　已知通过 *V*、*H* 面分角平面的梯形 *ABCD* 的 *V* 面投影，求作其 *H*、*W* 面投影。
b′ X O b	a′ b′ d′ c′
2-46　已知五边形 *ABCDE* 的对角线 *AC* 为水平线，试补全其 *H* 面投影。	2-47　已知五边形 *ABCDE* 的 *V* 面投影和部分 *H* 面投影，试补全其 *H* 面投影。
b′ a′ c′ e′ d′ X O b a	b′ c′ a′ d′ e′ X O c b a

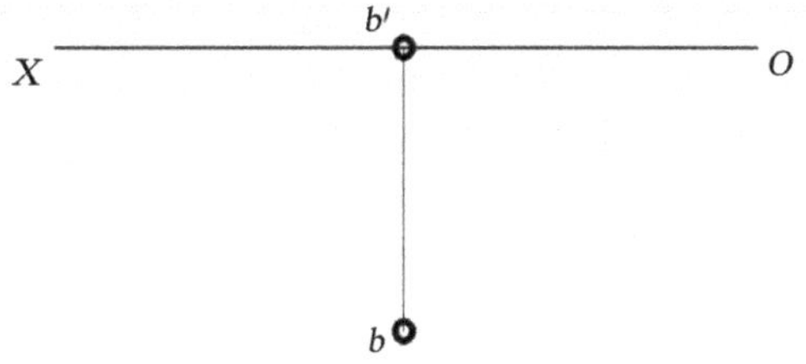

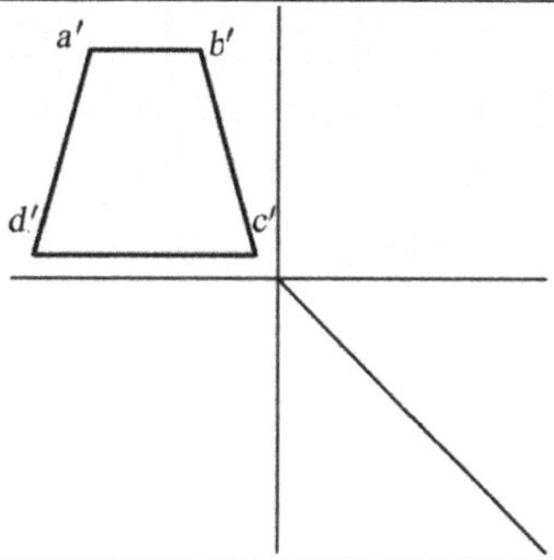

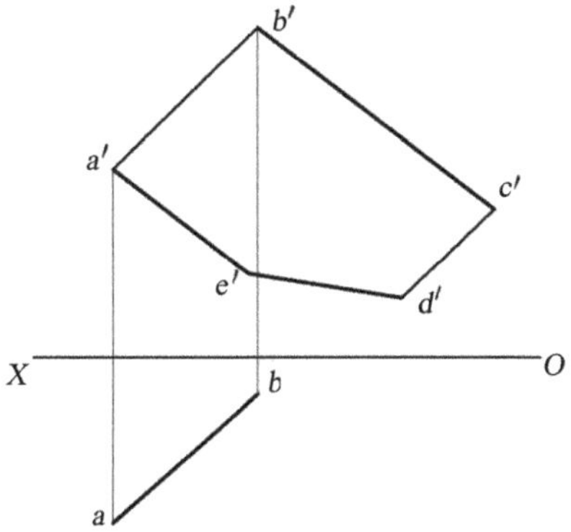

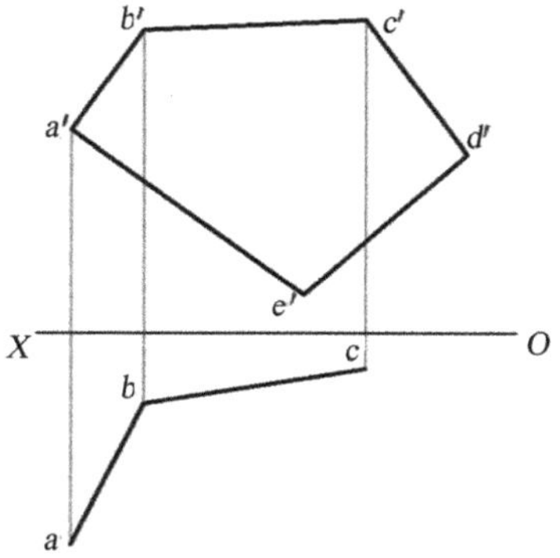

任务二　投影的基本知识	（5）平面的投影	班级		姓名		学号	

2-48　已知点 K 在三角形 ABC 上，直线 FG 在三角形 EMN 上，求作点 K 和直线 FG 的 H 面投影。

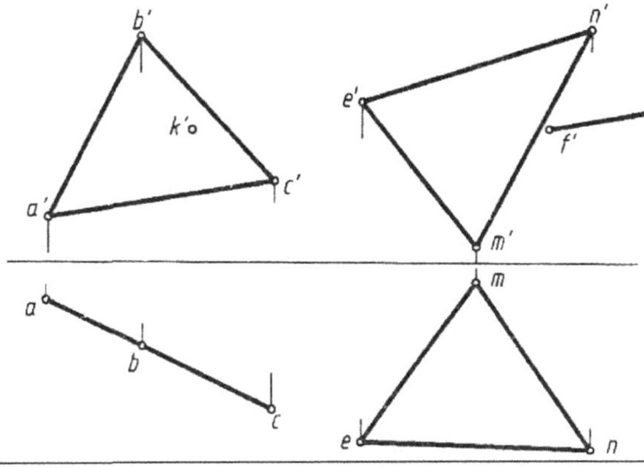

2-49　在三角形 ABC 上过点 A 作水平线；在三角形 EFG 上作距 V 面 15 mm 的正平线。

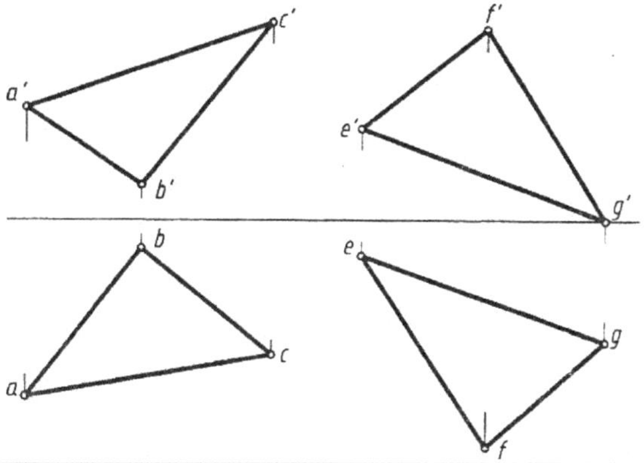

2-50　绘图判断点 K 是否在已知平面上。

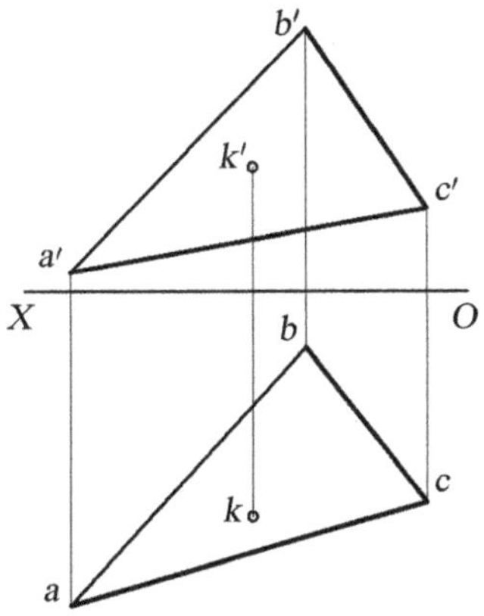

2-51　CD 为三角形 ABC 平面内的一条侧平线，作出其 V 面投影。

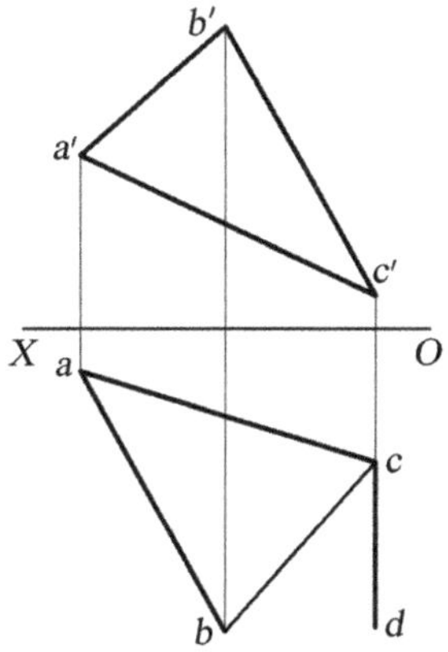

任务二　投影的基本知识	（5）平面的投影	班级		姓名		学号	

2-52　在三角形 *ABC* 平面上求作点 *D*，使点 *D* 比点 *B* 低 15 mm，比点 *B* 向前 12 mm。	2-53　已知 *GK* 是三角形 *EFG* 平面内的一条正平线，试补全其 *H* 面投影，并在平面内作一条距 *H* 面 15 mm 的水平线。
2-54　已知三角形 *ABC* 与三角形 *DEF* 在同一平面内，试补全三角形 *ABC* 的 *V* 面投影。	2-55　已知平行四边形 *ABCD* 平面上 *K* 字符的 *V* 面投影，求作 *K* 字符的 *H* 面投影。

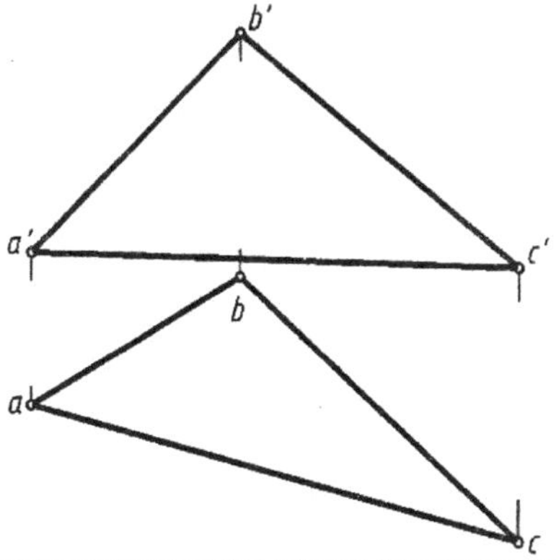

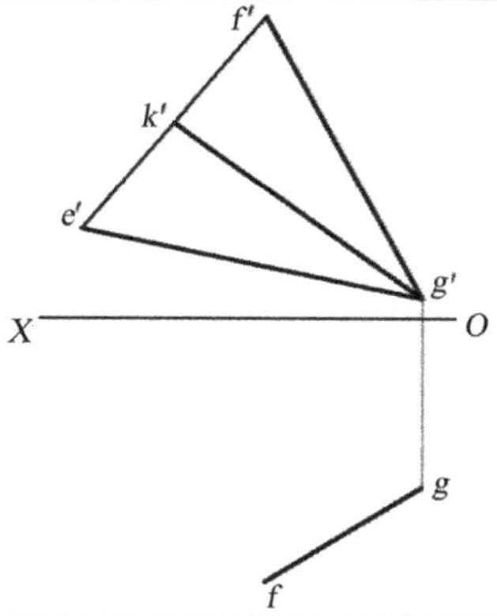

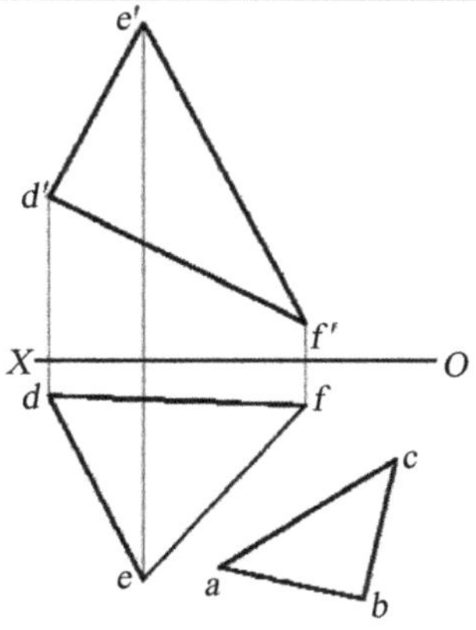

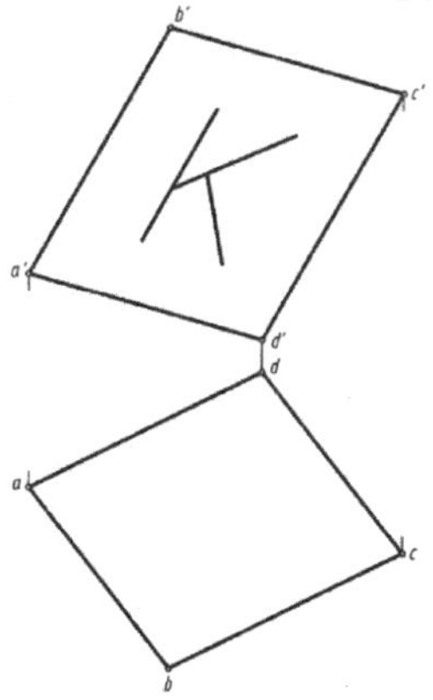

任务三　工程立体的投影	（1）基本形体	班级		姓名		学号	

3-1　已知形体的两面投影，补全其第三面投影。

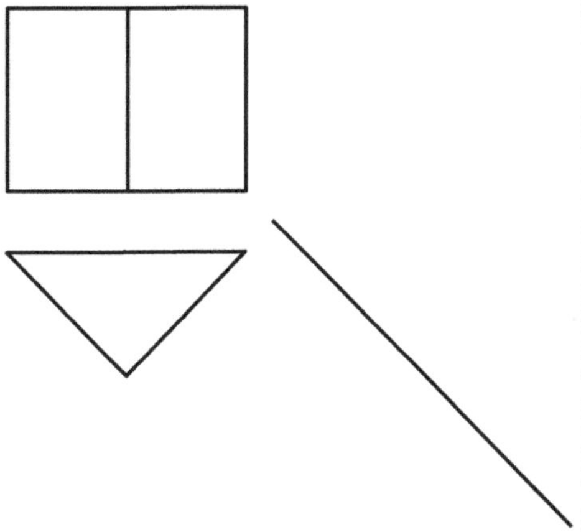

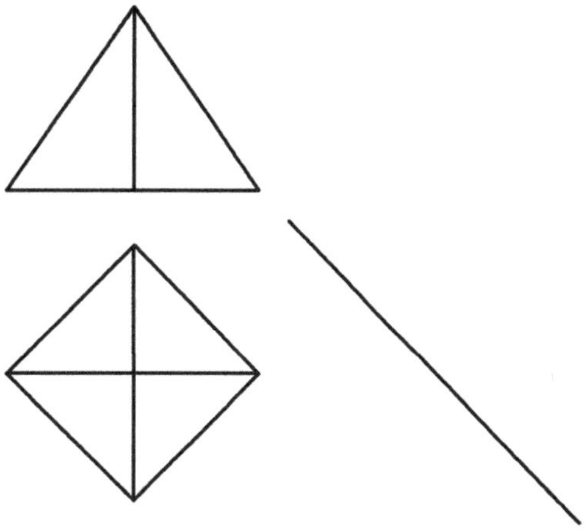

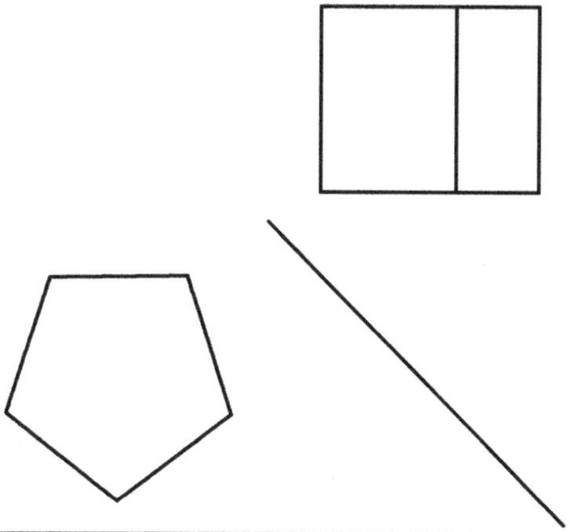

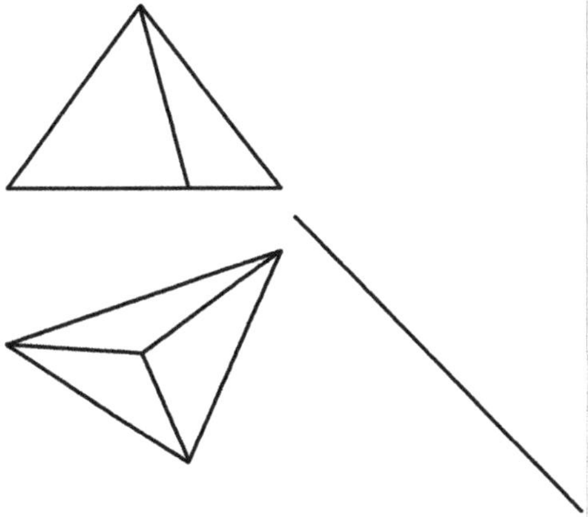

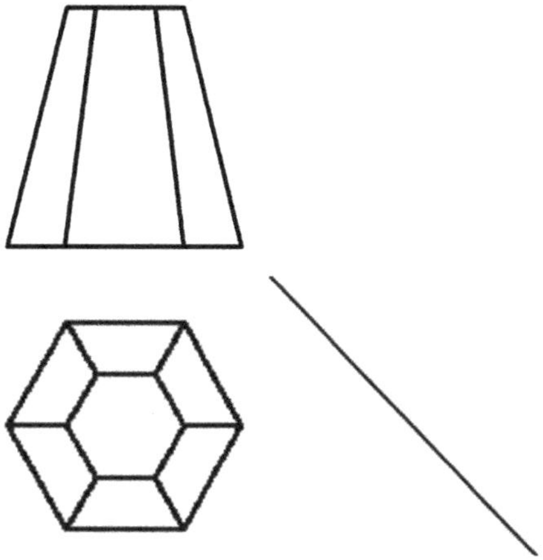

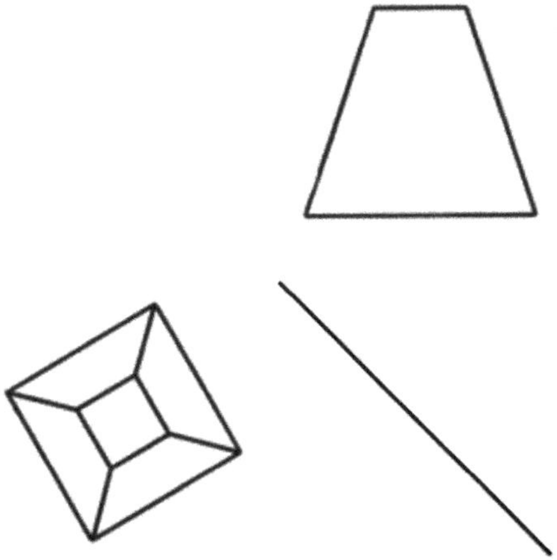

任务三　工程立体的投影	（1）基本形体	班级		姓名		学号	

3-2　已知形体的两面投影，补全其第三面投影。

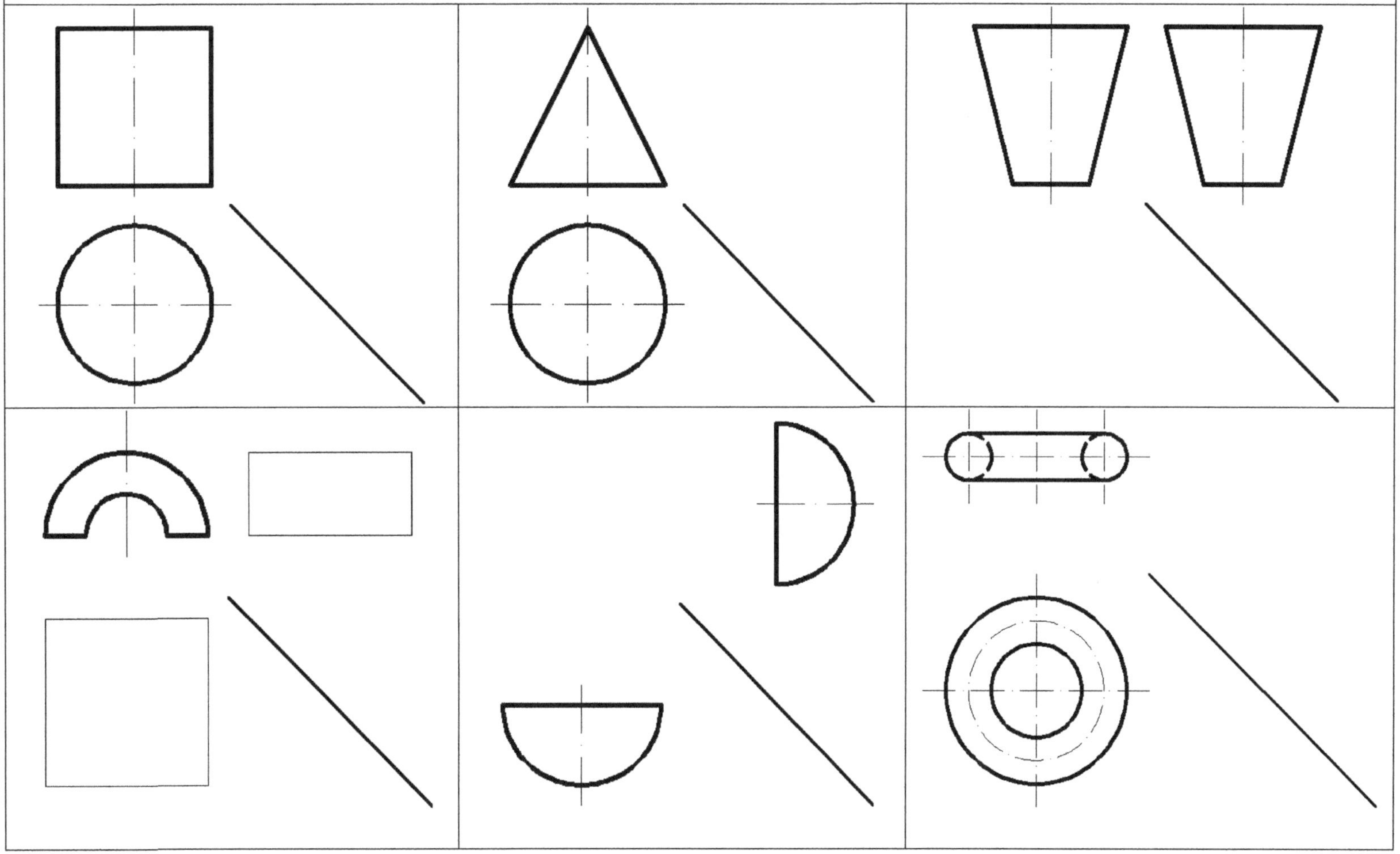

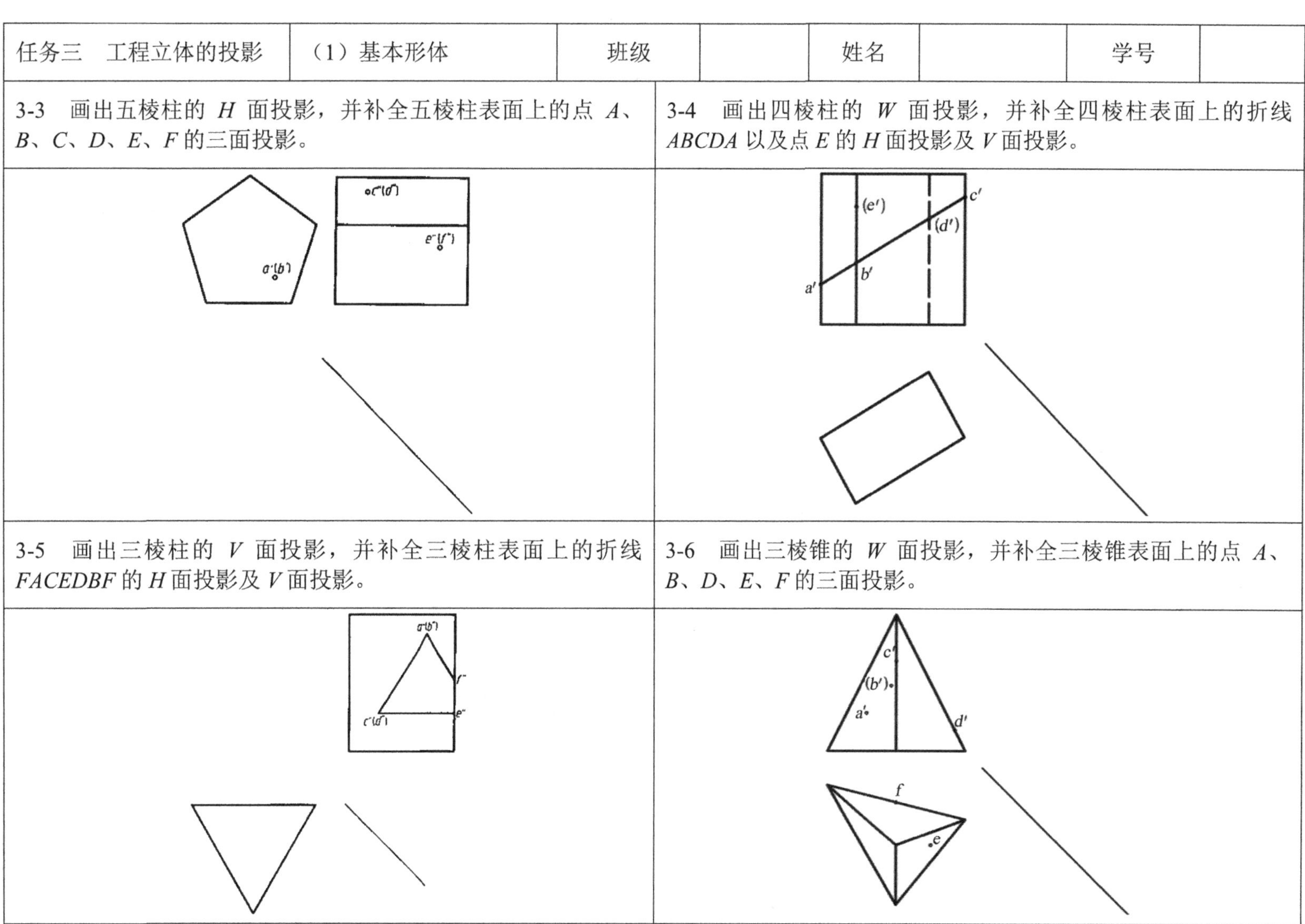

任务三　工程立体的投影	（1）基本形体	班级		姓名		学号	

3-3　画出五棱柱的 *H* 面投影，并补全五棱柱表面上的点 *A*、*B*、*C*、*D*、*E*、*F* 的三面投影。

3-4　画出四棱柱的 *W* 面投影，并补全四棱柱表面上的折线 *ABCDA* 以及点 *E* 的 *H* 面投影及 *V* 面投影。

3-5　画出三棱柱的 *V* 面投影，并补全三棱柱表面上的折线 *FACEDBF* 的 *H* 面投影及 *V* 面投影。

3-6　画出三棱锥的 *W* 面投影，并补全三棱锥表面上的点 *A*、*B*、*D*、*E*、*F* 的三面投影。

任务三　工程立体的投影	（1）基本形体	班级		姓名		学号	

3-7　画出三棱锥的 *W* 面投影，并补全三棱锥表面上的折线 *FED* 的 *W* 面投影和 *H* 面投影。	3-8　画出五棱柱的 *V* 面投影，并补全五棱柱表面上的折线 *ABCDEA* 的 *H* 面投影及 *V* 面投影。

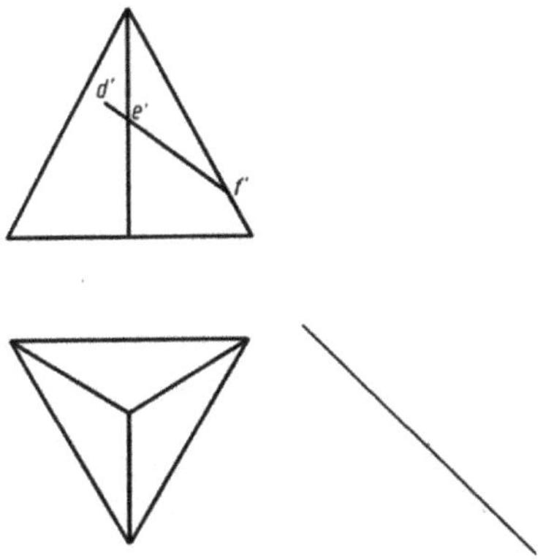

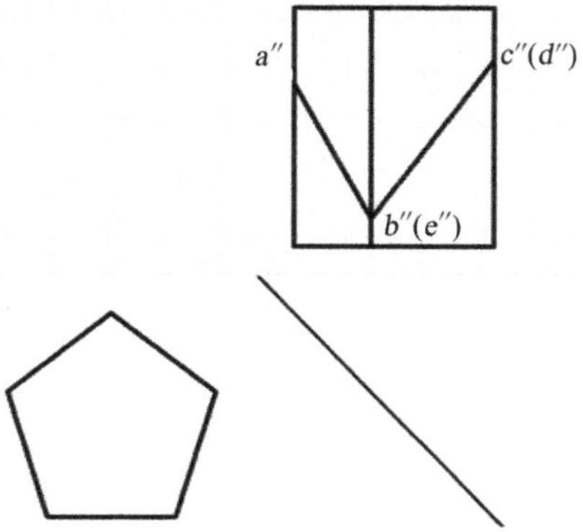

任务三　工程立体的投影	（1）基本形体	班级		姓名		学号	

3-9　补绘圆柱的 *W* 面投影，并求作出圆柱表面上的点 *B*、*E*、*F* 及曲线 *ACD* 的其他两面投影。

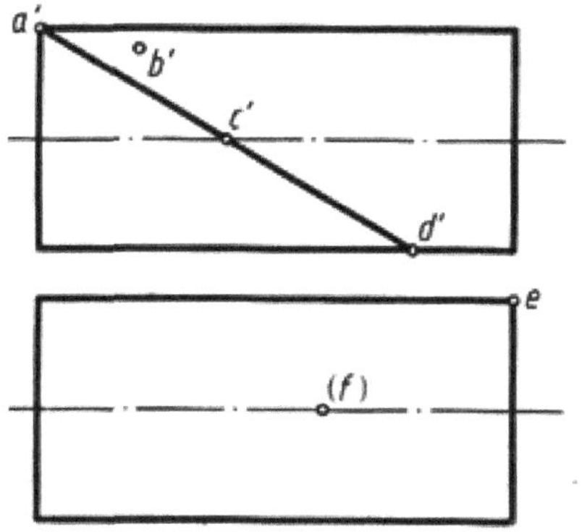

a′ b′ c′ d′ e (f)

3-10　已知圆锥表面上的点 *A*、*F*、*D* 及曲线 *BC* 的一个投影，求作其他两面投影（用素线法）。

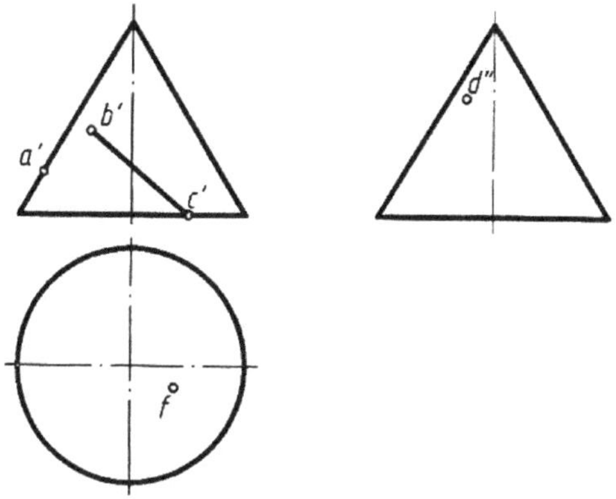

a′ b′ c′ d″ f

任务三　工程立体的投影	（1）基本形体	班级		姓名		学号	

3-11　已知圆台表面上的点 *A*、*B* 及曲线 *MN* 的一个投影，求作其他两面投影。	3-12　补绘圆台的 *W* 面投影，并求作其表面上曲线 *AB* 的其他两面投影。
a′　b″　m　n	a′　b′
3-13　已知球面上的点 *A*、*B*、*C*、*E*、*F*、*G* 及曲线 *DH* 的一个投影，求作其他两面投影。	3-14　已知环面上的点 *A*、*B*、*D*、*F*、*H* 的一个投影，求作其另一个投影。
a′　d′　h′　b′　c′　f″　(g)　e	h′　a′　b′　f″　d″

任务三　工程立体的投影	（2）组合形体	班级		姓名		学号	

3-15　已知形体的两面投影，补全其第三面投影。

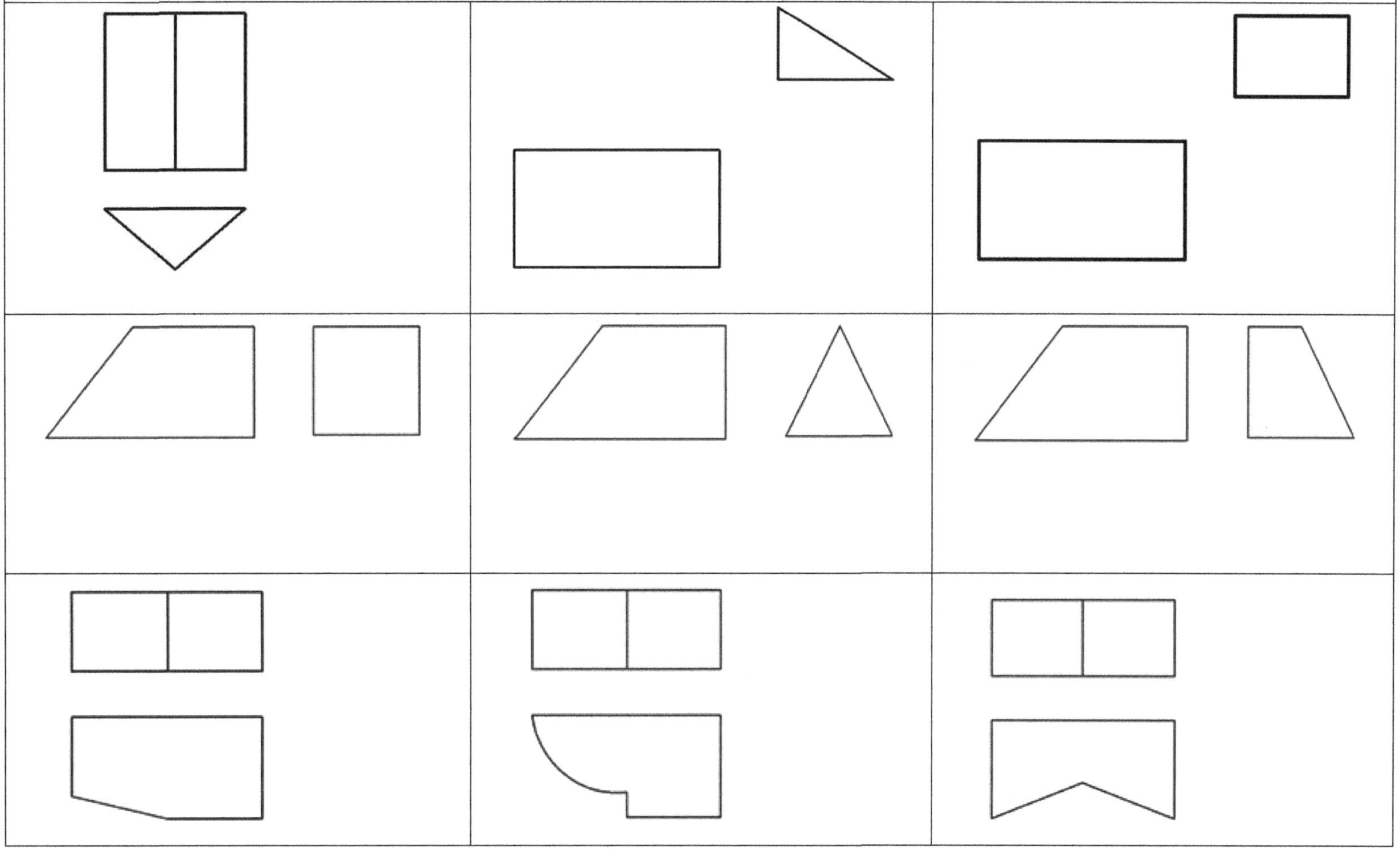

任务三　工程立体的投影	（2）组合形体	班级		姓名		学号	

3-16　已知形体的两面投影，补全其第三面投影。

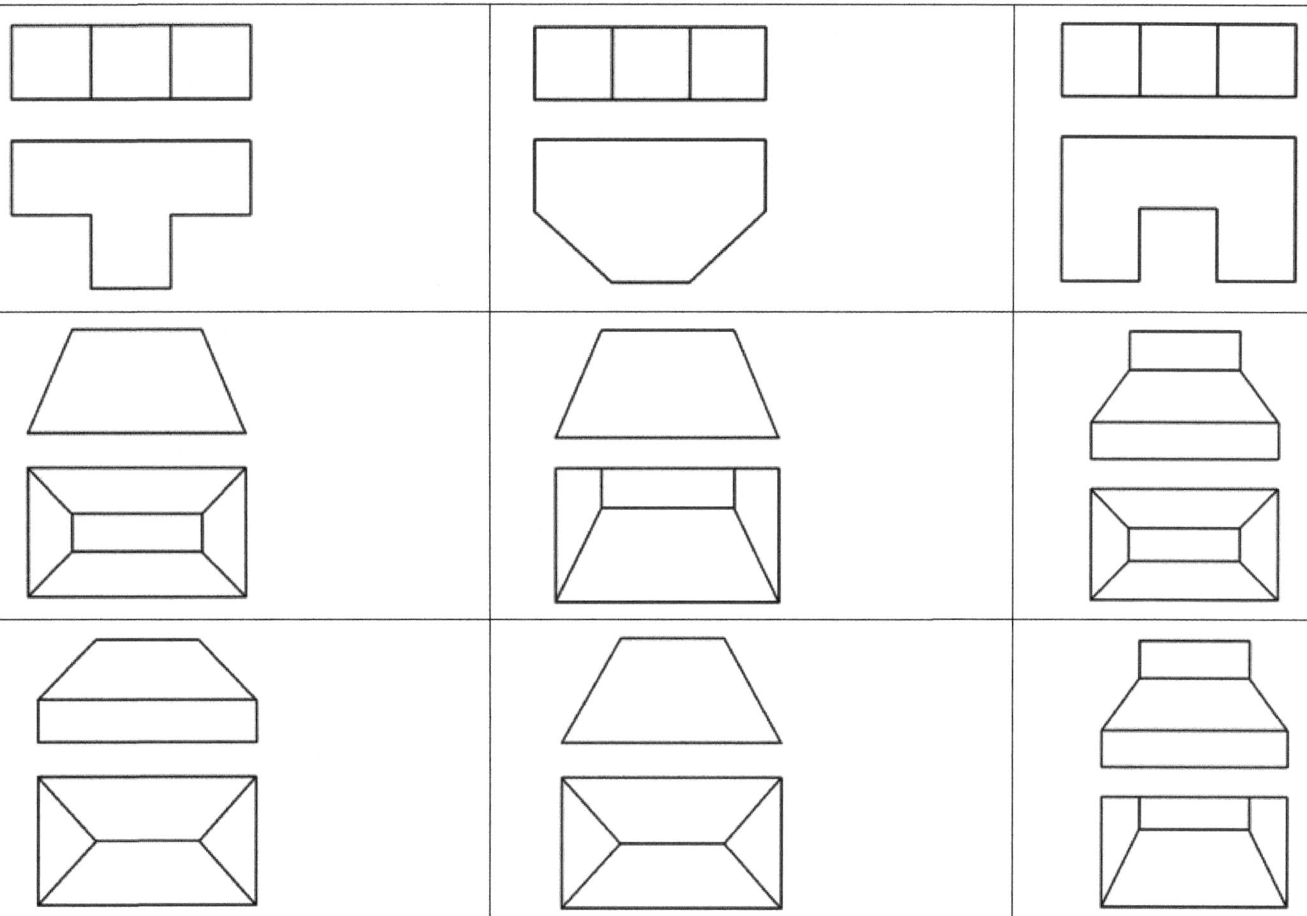

任务三　工程立体的投影	（2）组合形体	班级		姓名		学号	

3-17　已知形体的两面投影，补全其第三面投影。

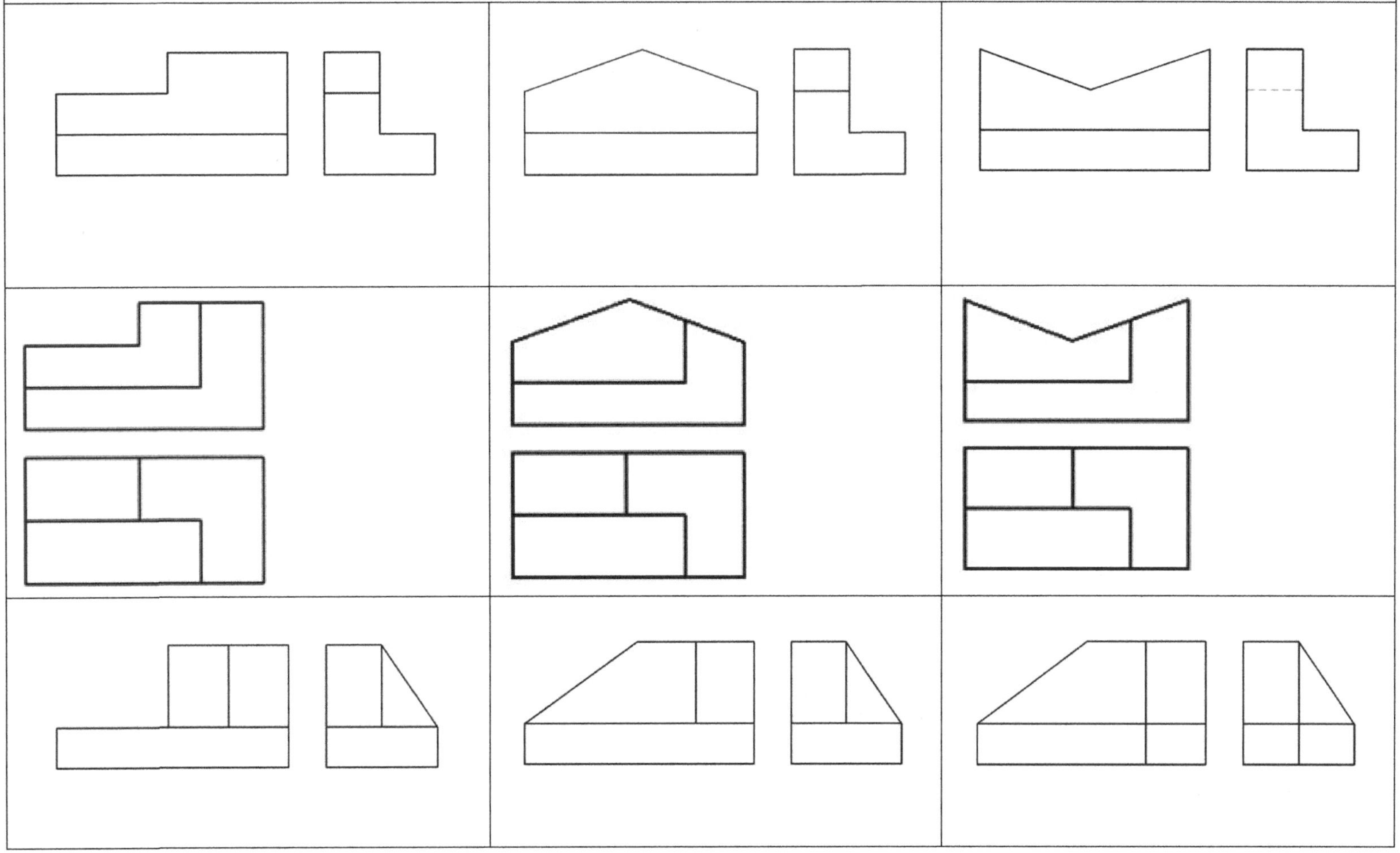

任务三　工程立体的投影	（2）组合形体	班级		姓名		学号	

3-18　已知形体的两面投影，补全其第三面投影。

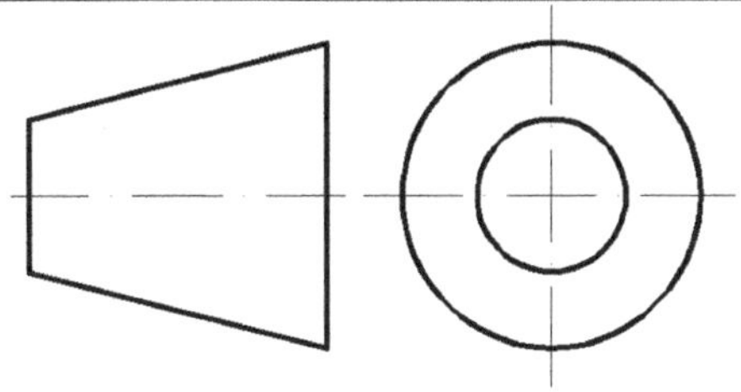

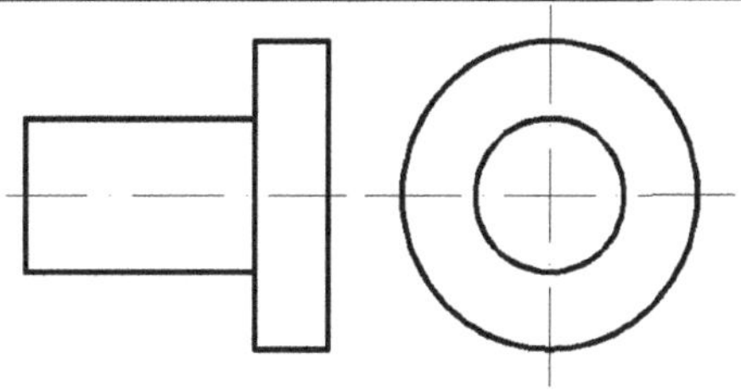

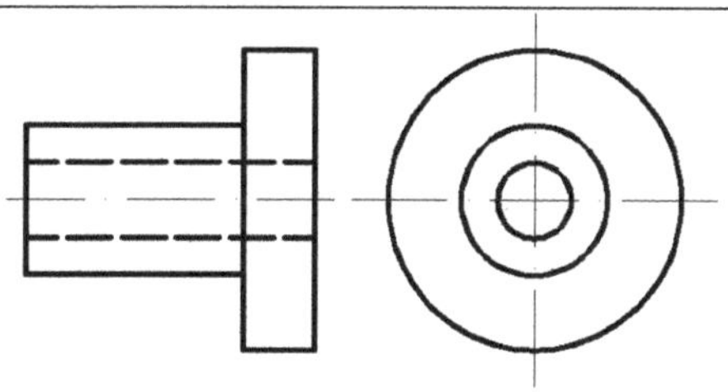

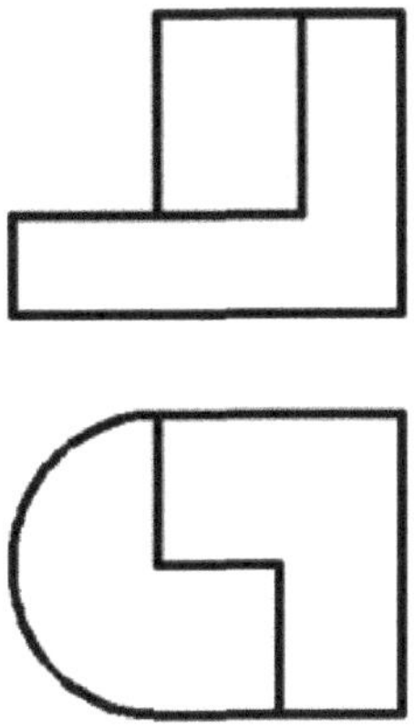

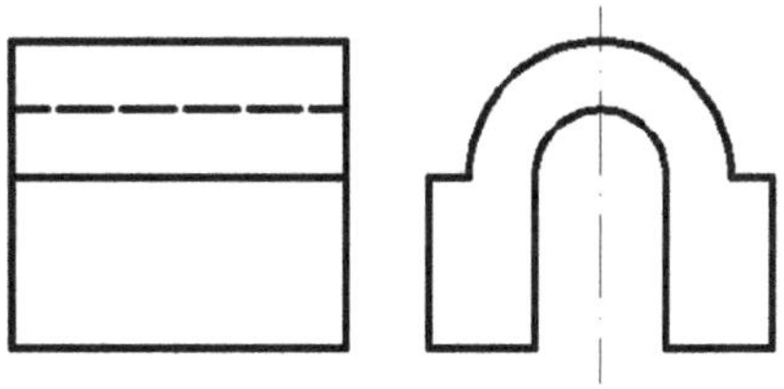

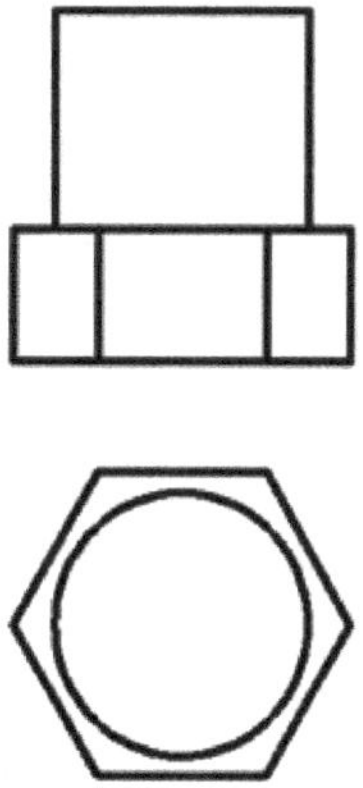

任务三　工程立体的投影	（2）组合形体	班级		姓名		学号	

3-19　已知形体的两面投影，补全其第三面投影。

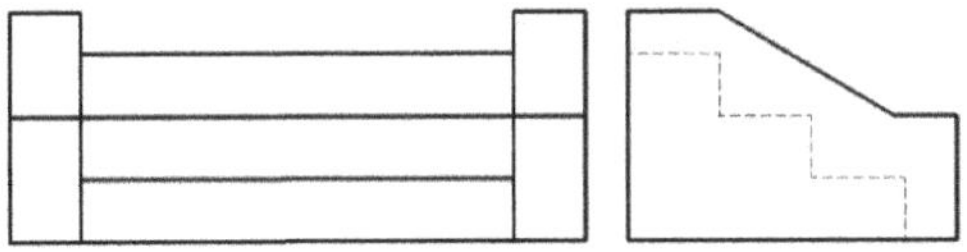

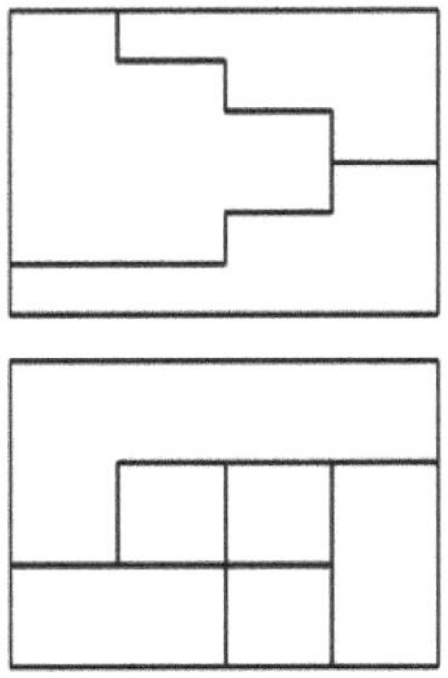

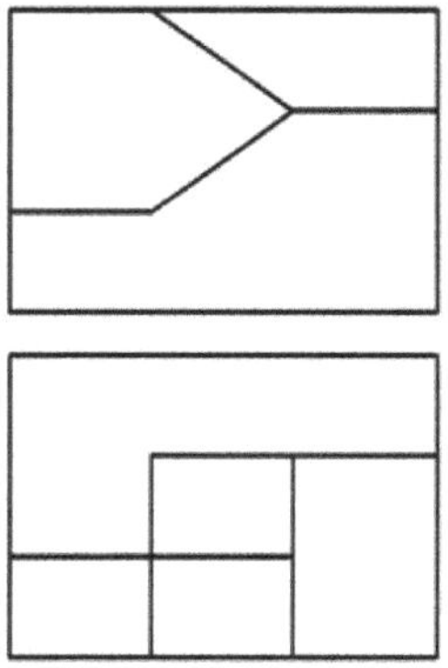

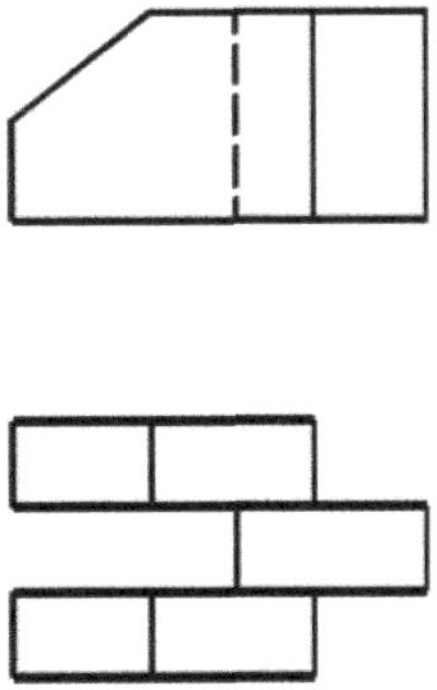

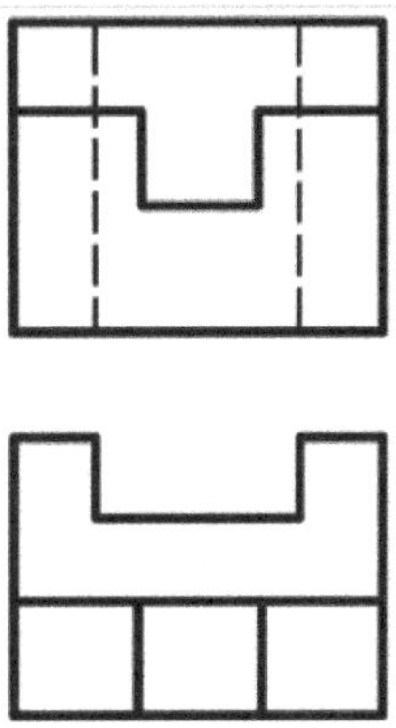

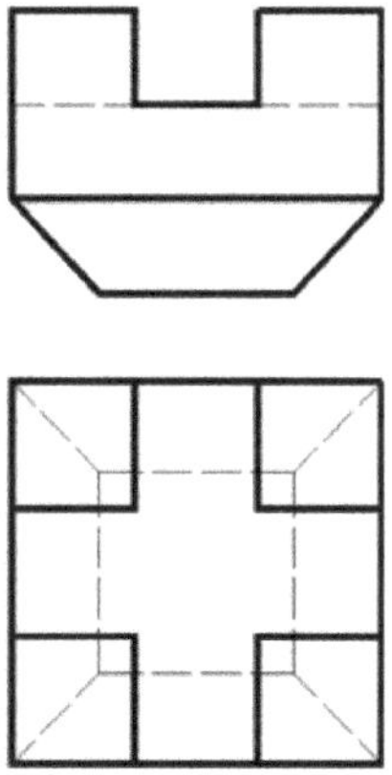

任务三　工程立体的投影	（2）组合形体	班级		姓名		学号	
3-20　已知立体图，作形体的三面投影图。							

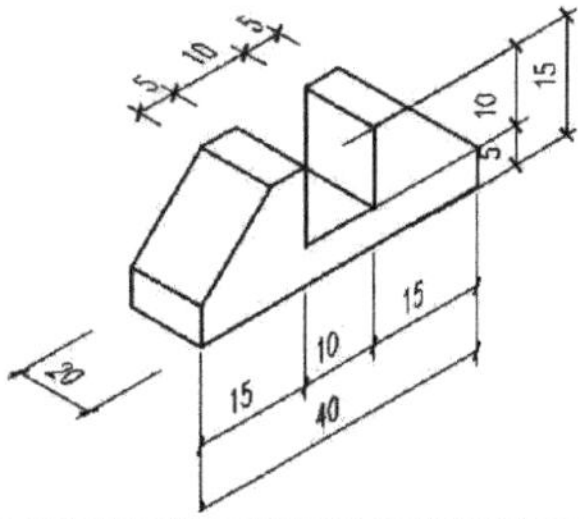

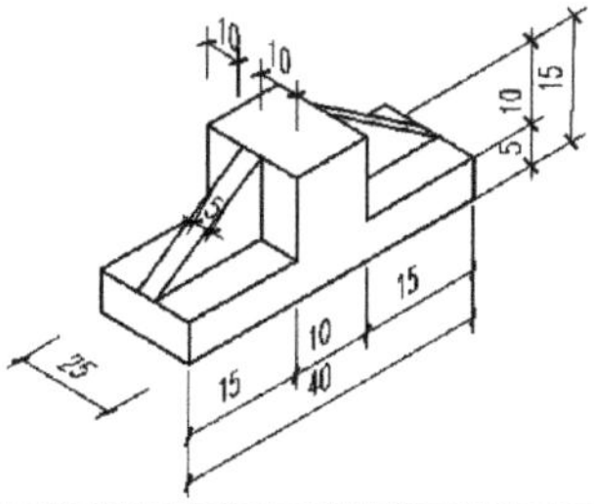

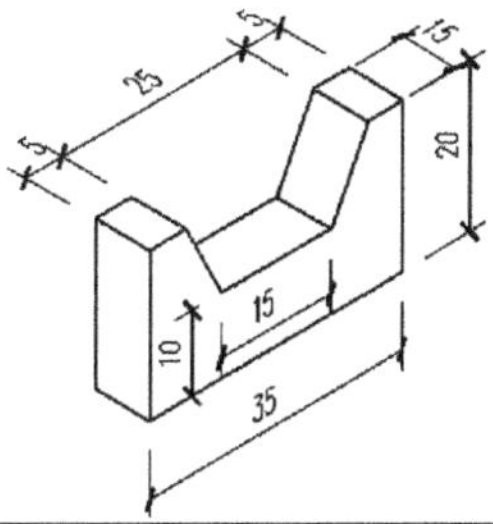

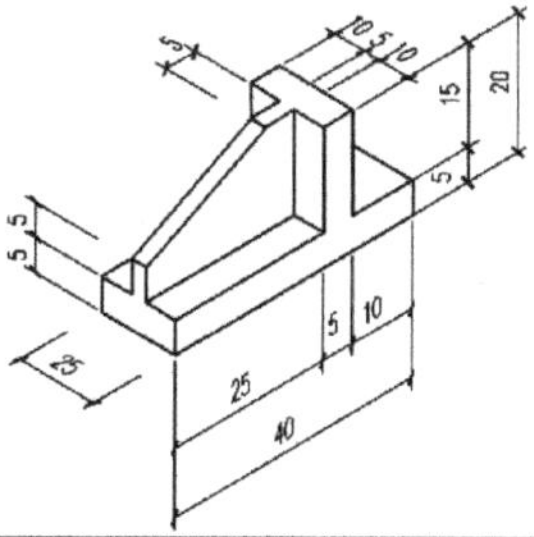

任务三　工程立体的投影	（2）组合形体	班级		姓名		学号	

3-21　已知立体图，作形体的三面投影图。

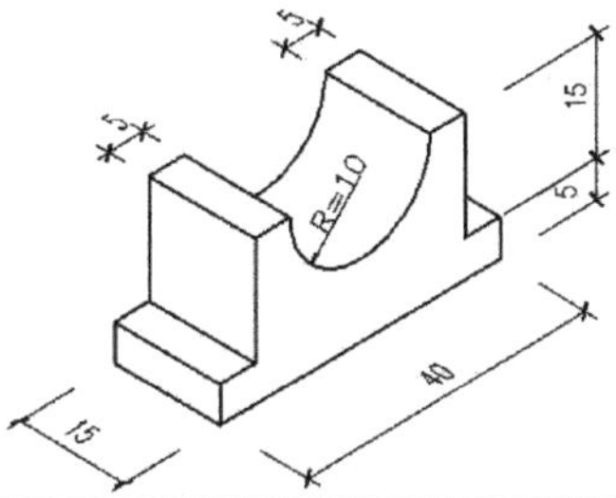

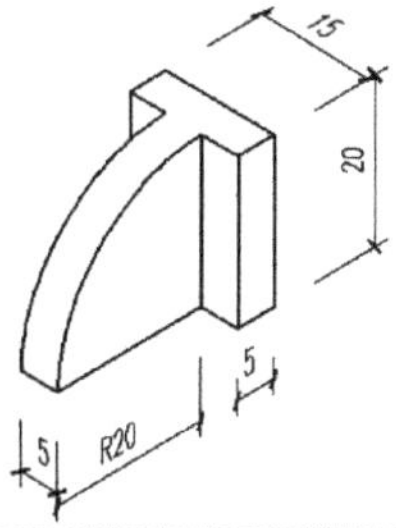

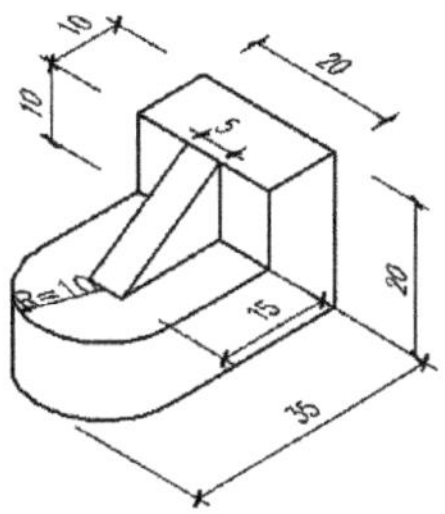

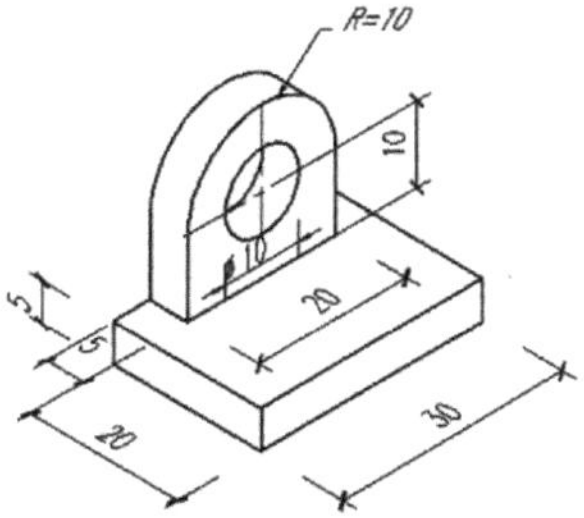

任务三　工程立体的投影	（2）组合形体	班级		姓名		学号	

3-22　已知立体图，作形体的三面投影图（尺寸直接从图中量取）。

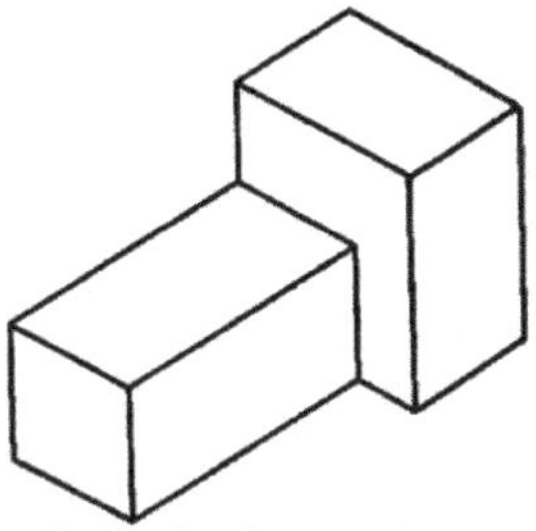

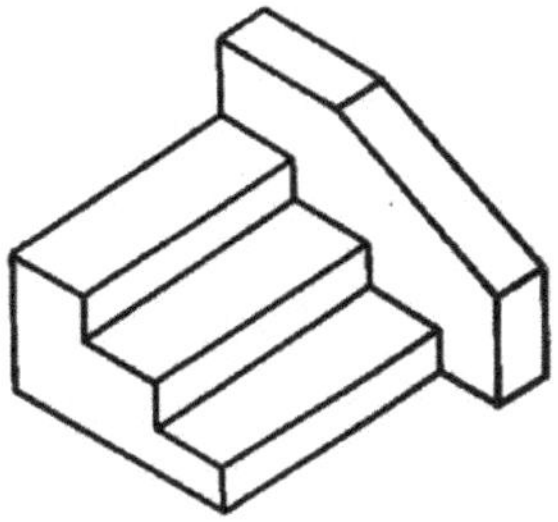

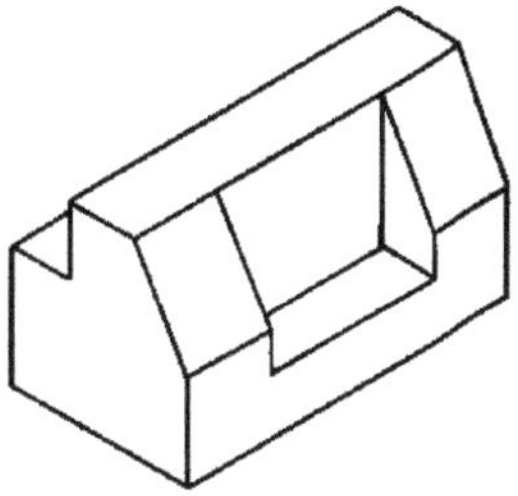

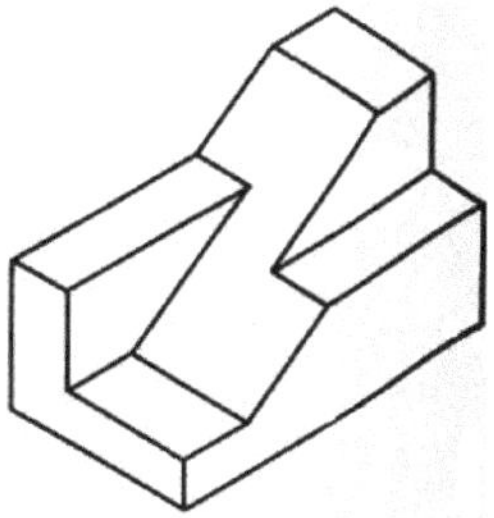

任务三　工程立体的投影	（3）工程形体	班级		姓名		学号	
3-23　在 A3 的图纸上，按 1:1 的比例作出下列形体的三面投影图，并标注尺寸。							

任务三　工程立体的投影	（3）工程形体	班级		姓名		学号	

3-24　已知形体的两面投影图，做出其正等轴测图。

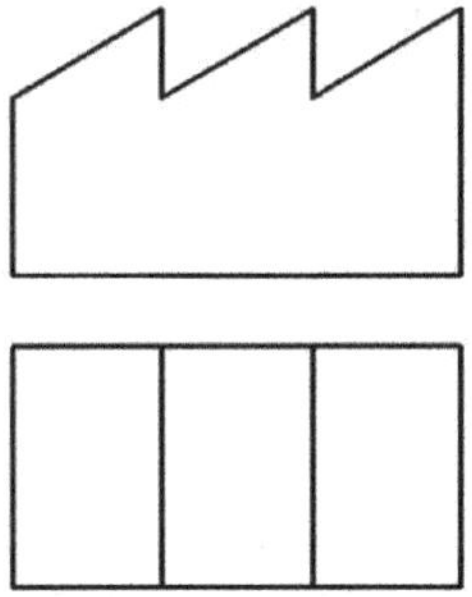

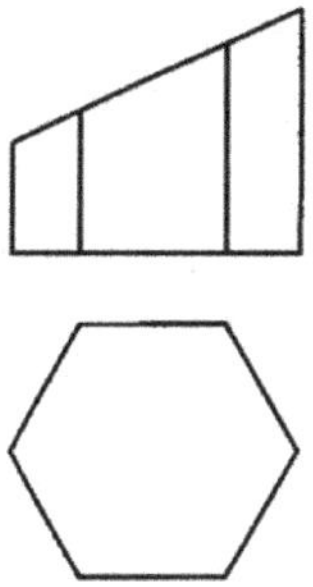

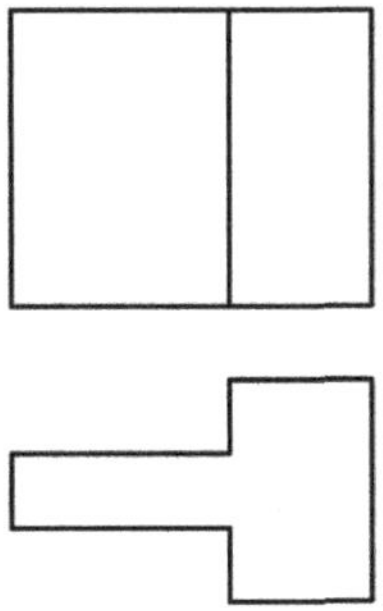

任务四　轴测投影	（1）正轴测图	班级		姓名		学号	

4-1　已知形体的两面投影图，做出其正等轴测图。

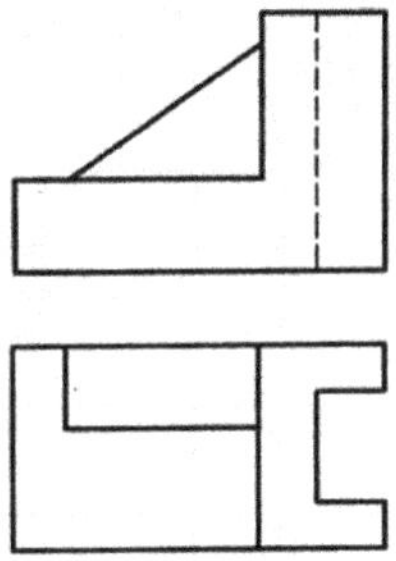

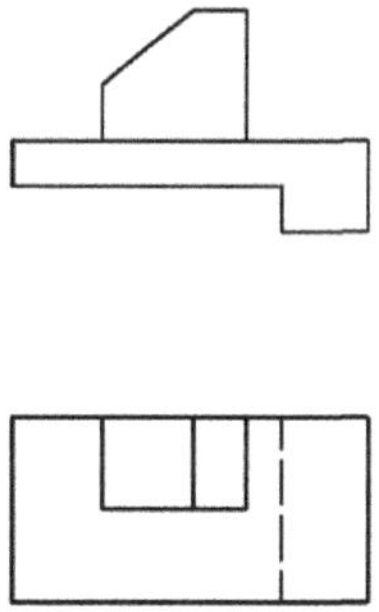

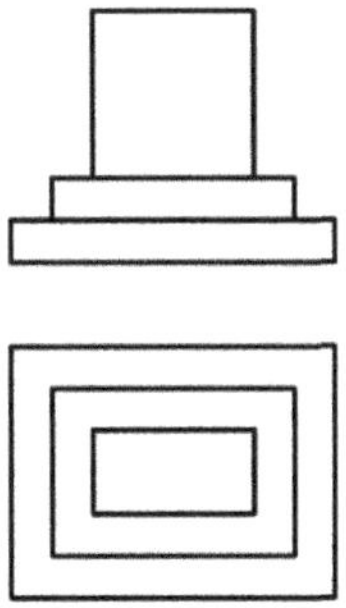

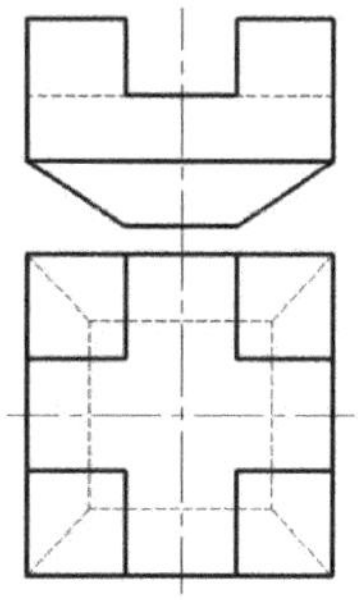

任务四　轴测投影	（1）正轴测图	班级		姓名		学号	
4-2　已知形体的两面投影图，做出其正等轴测图。							

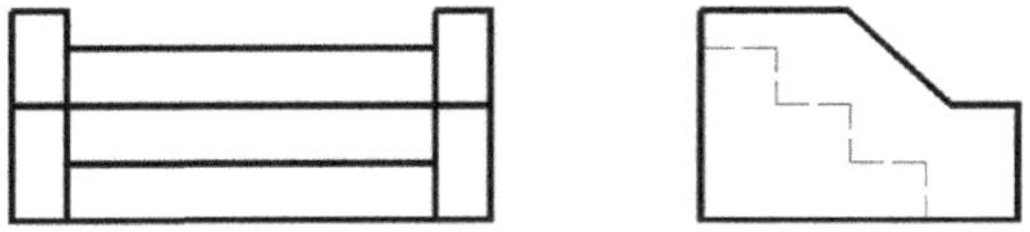

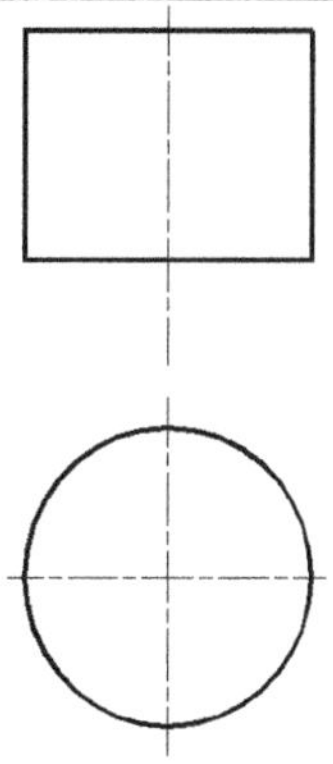

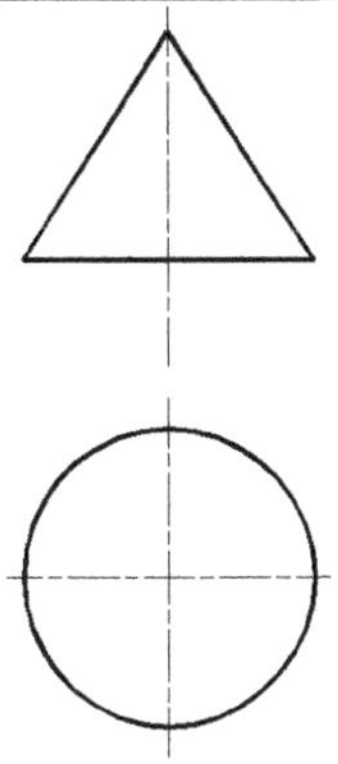

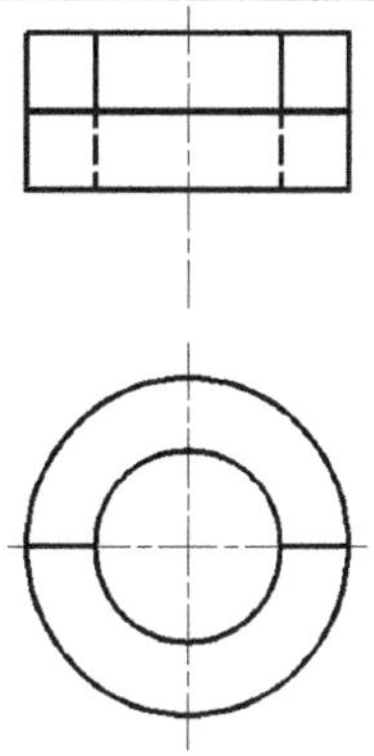

任务四　轴测投影	（2）斜轴测图	班级		姓名		学号	

4-3　作形体的水平斜轴测图。

4-4　作形体的正面斜轴测图。

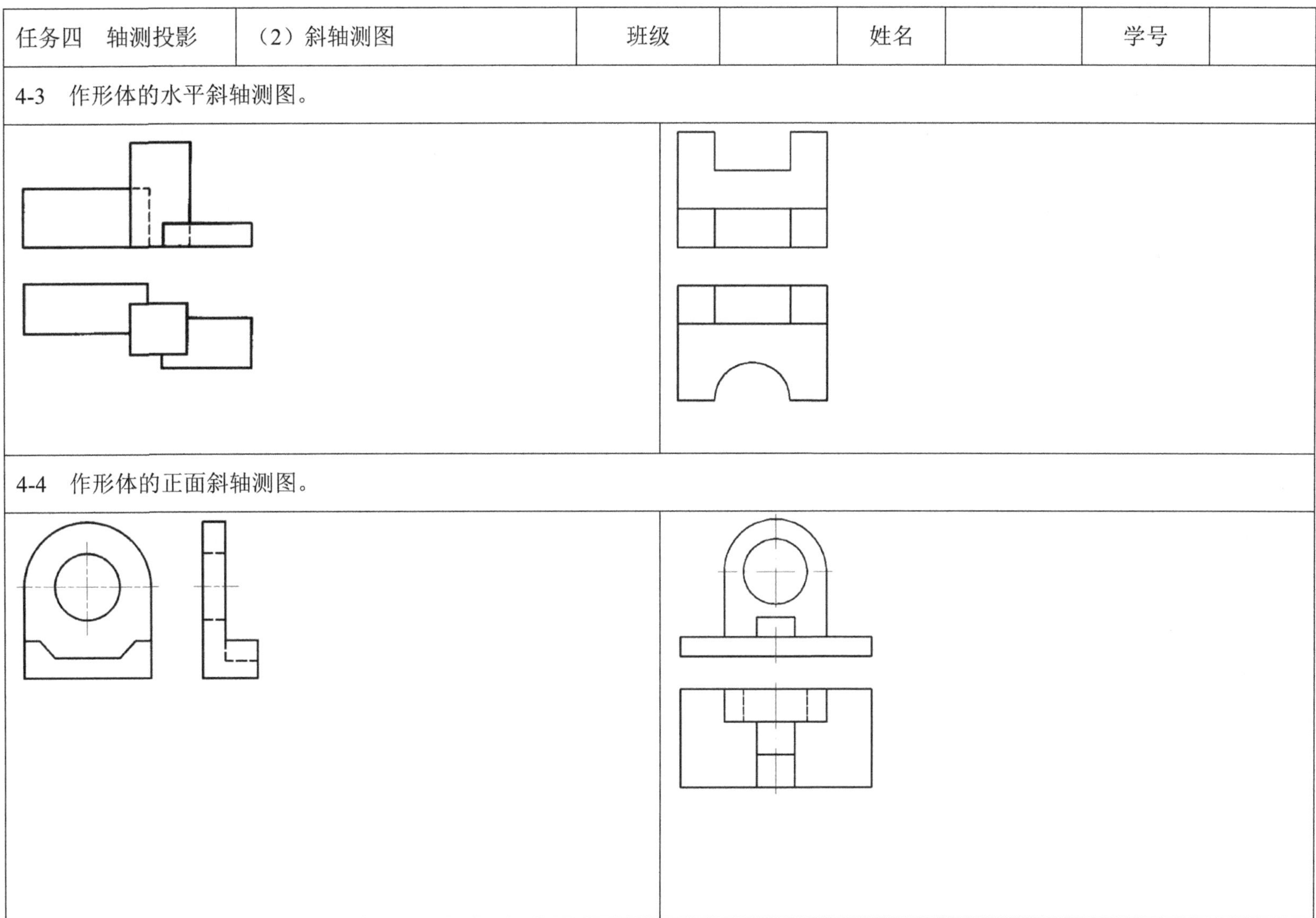

任务五　剖面图与断面图	（1）剖面图	班级		姓名		学号	

5-1　作形体的 1—1、2—2 剖面图。

5-2　作形体的 1—1、2—2、3—3 剖面图。

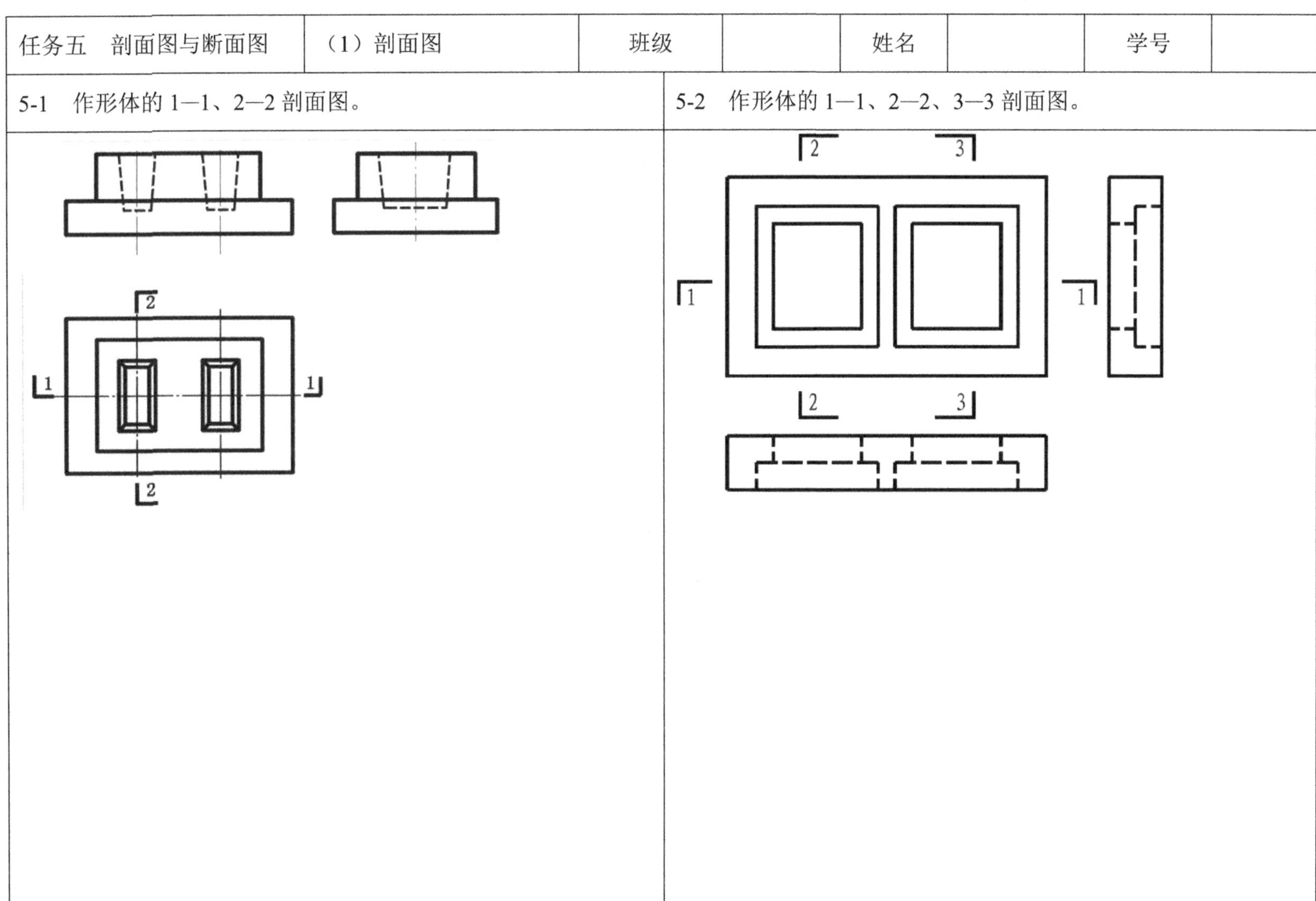

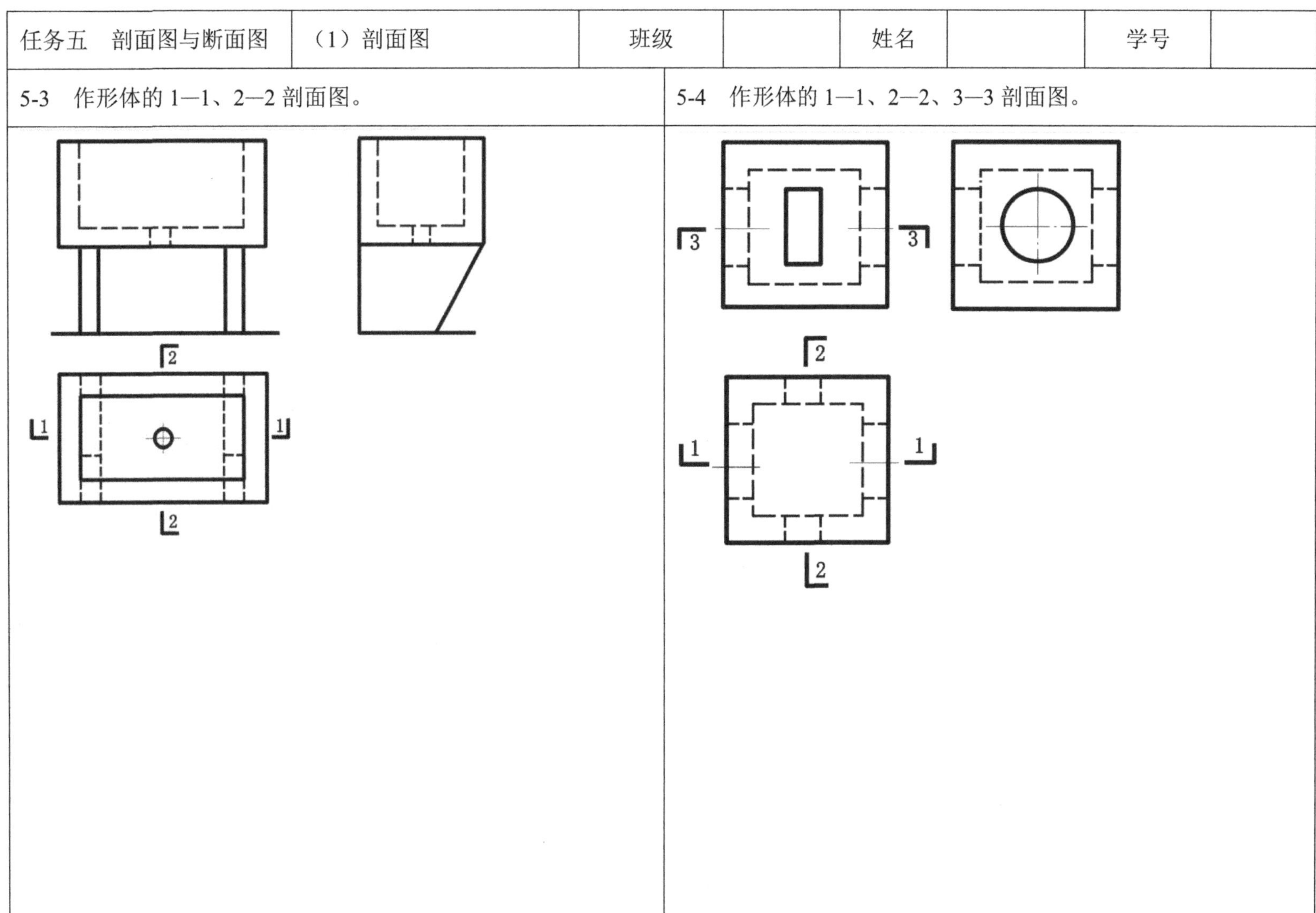

任务五　剖面图与断面图	（1）剖面图	班级		姓名		学号	

5-3　作形体的 1—1、2—2 剖面图。

5-4　作形体的 1—1、2—2、3—3 剖面图。

任务五　剖面图与断面图	（1）剖面图	班级		姓名		学号	

5-5　补绘 *W* 面投影，并将 *V*、*W* 面投影改为半剖面图。	5-6　补绘 *W* 面投影，并将 *V*、*W* 面投影改为半剖面图。

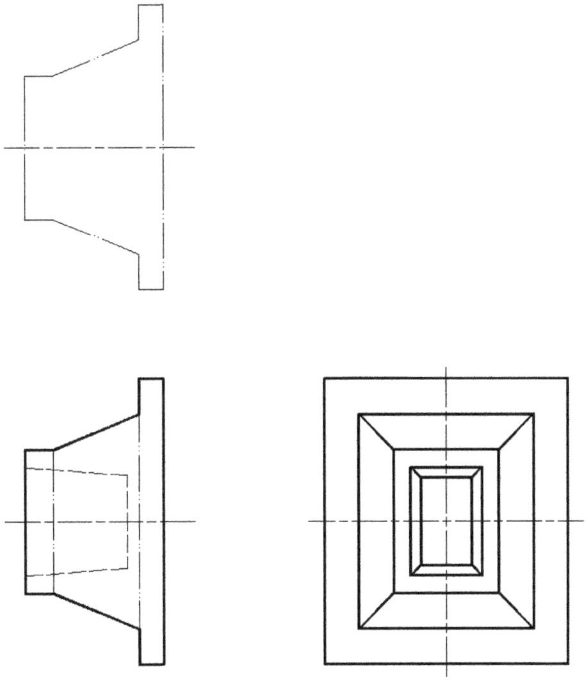

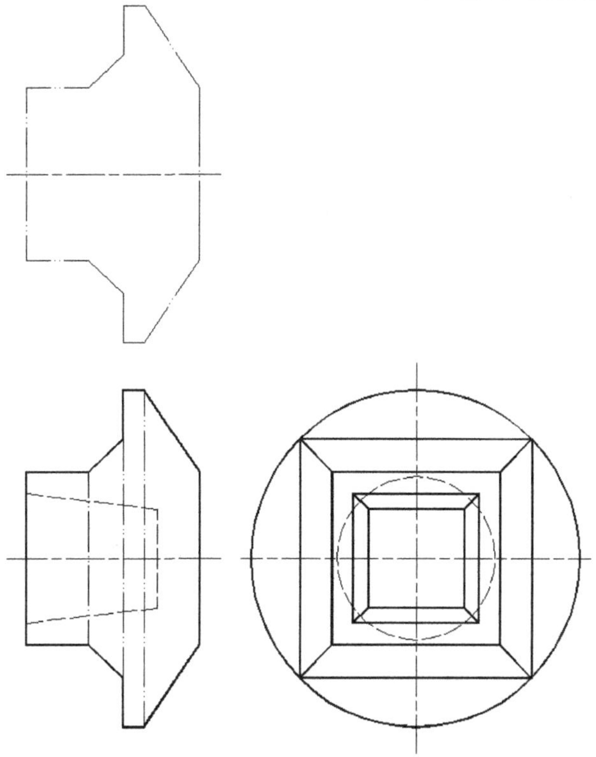

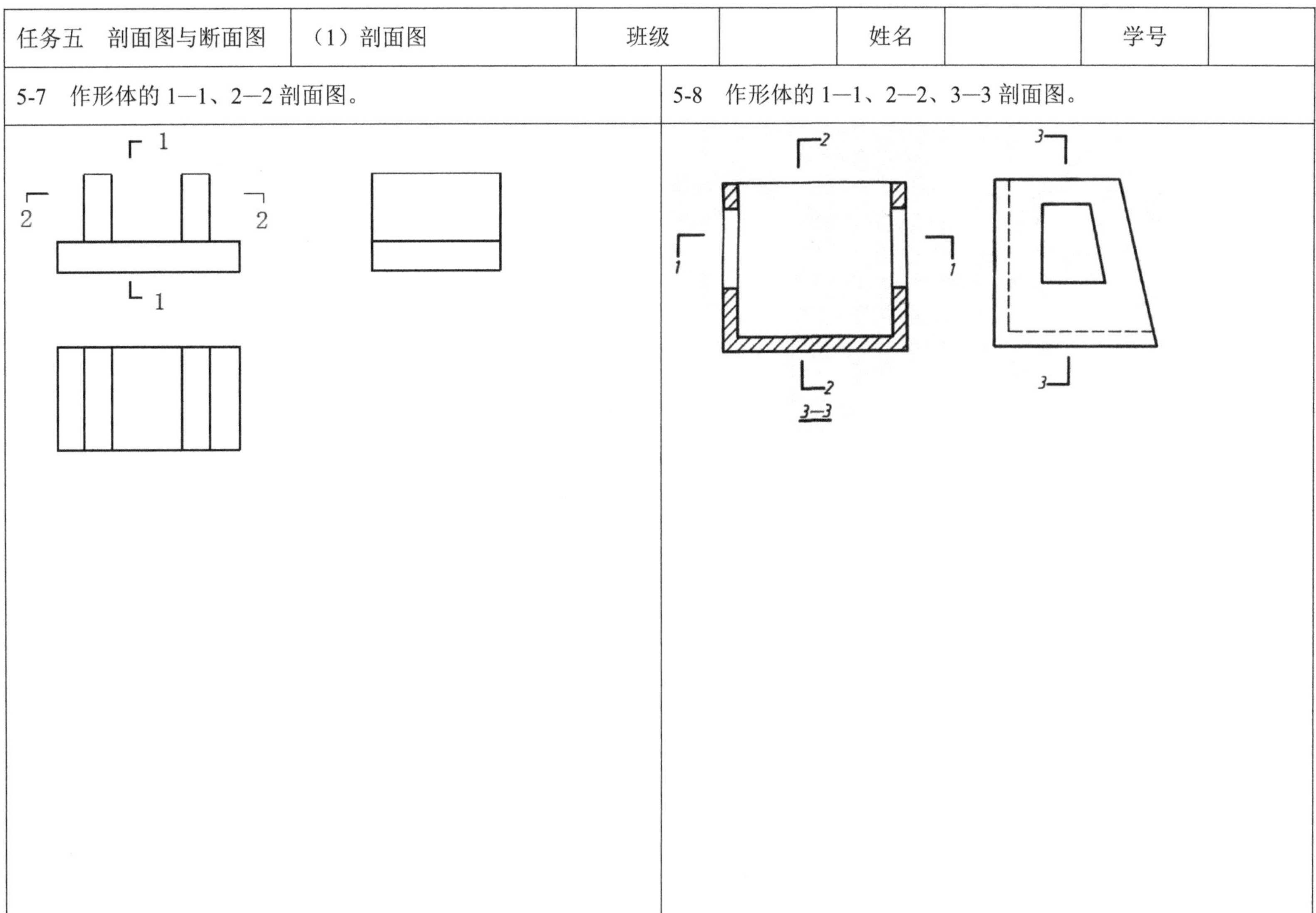

任务五　剖面图与断面图	（1）剖面图	班级		姓名		学号	

5-7　作形体的 1—1、2—2 剖面图。

5-8　作形体的 1—1、2—2、3—3 剖面图。

任务五　剖面图与断面图	（1）剖面图	班级		姓名		学号	

5-9　画出形体的水平半剖面图。

5-10　作出过滤池形体的 1—1 剖面图。

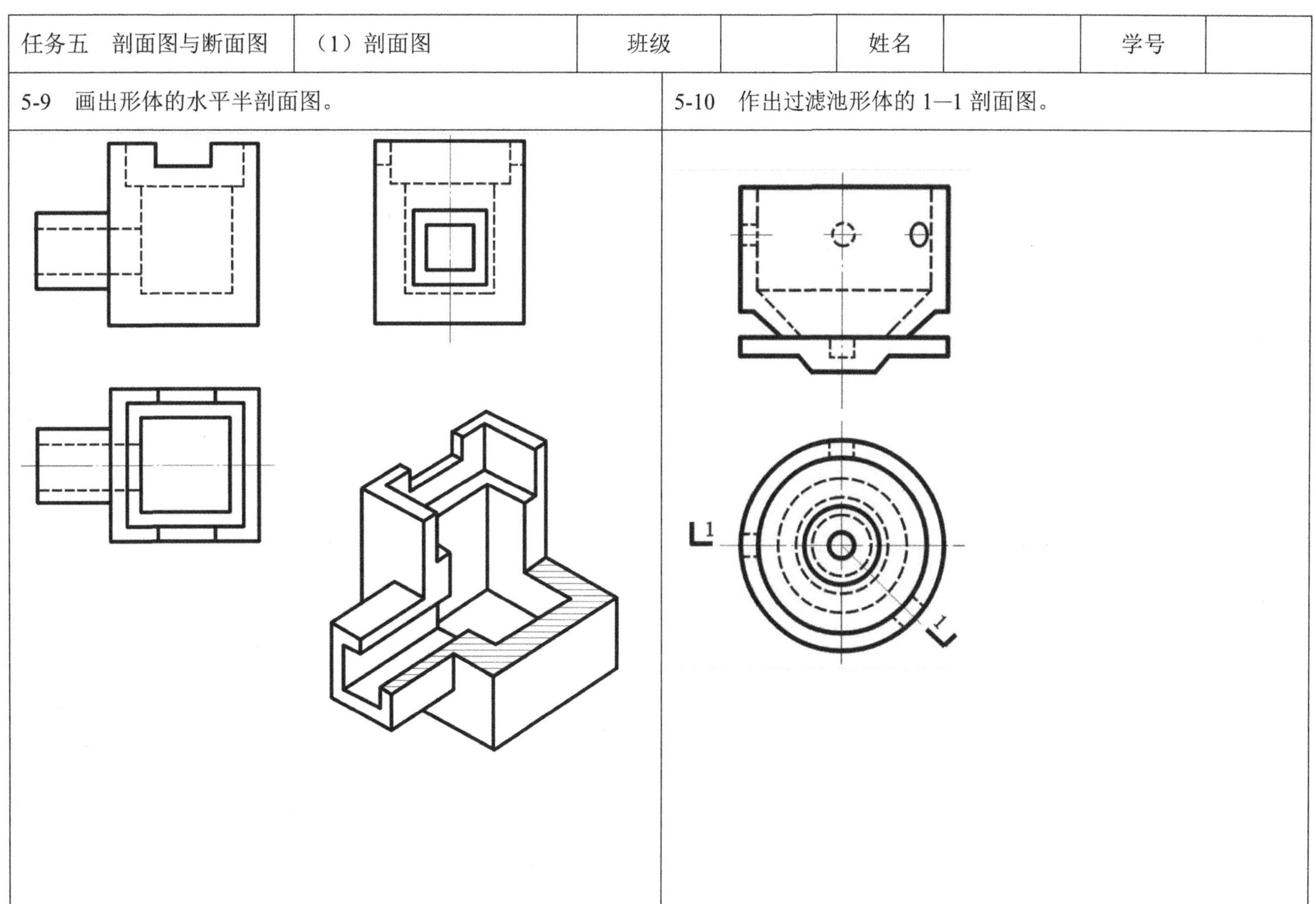

任务五　剖面图与断面图	（1）剖面图	班级		姓名		学号	

5-11　画出形体的 1—1 阶梯剖面图。

5-12　作进门口外墙模型的 2—2 剖面图（雨篷伸出墙面的宽度与进门口平台伸出墙面的宽度相同）。

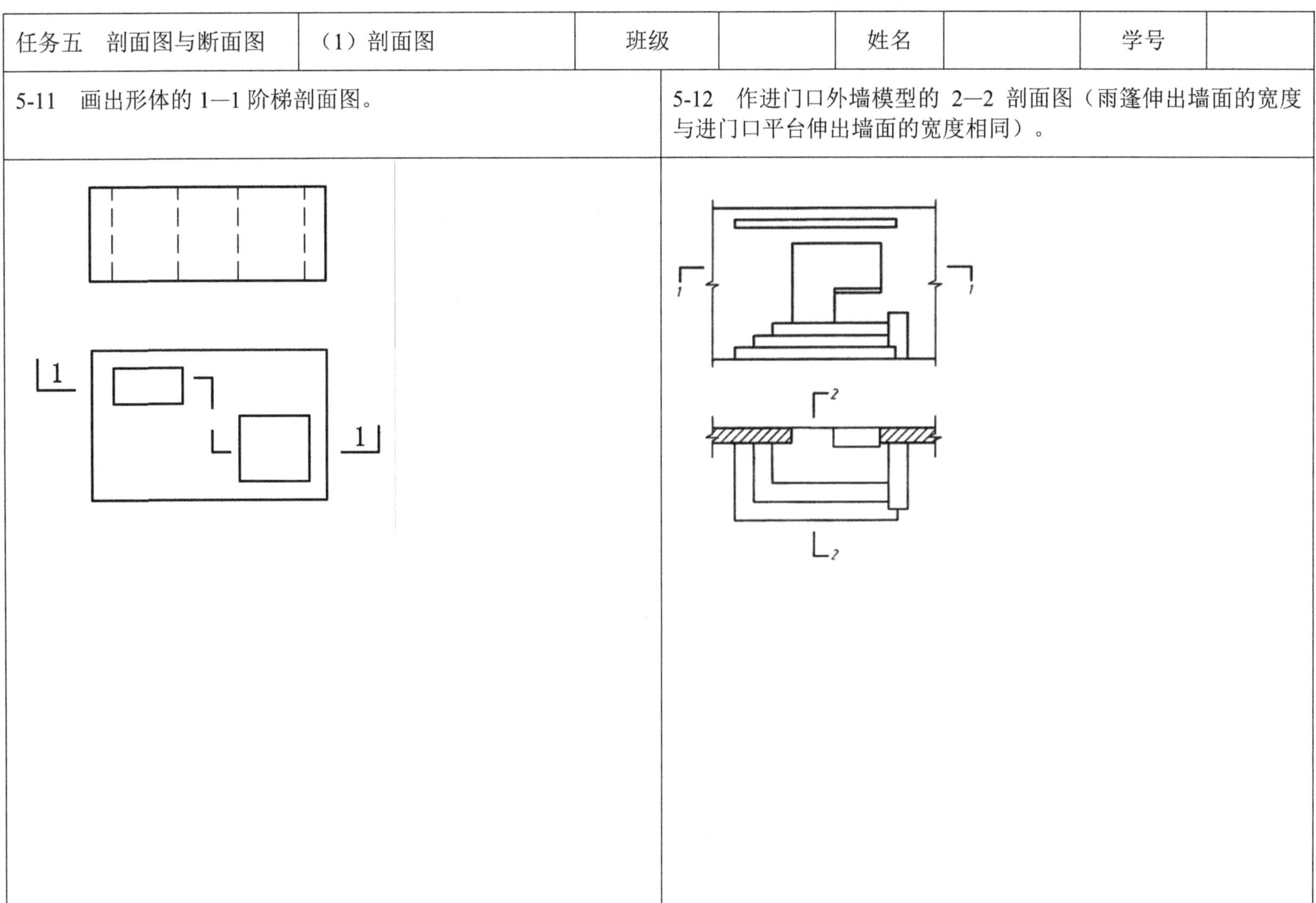

任务五　剖面图与断面图	（2）断面图	班级		姓名		学号	

5-13　试补全形体的 *W* 面投影，作形体的 1—1、2—2、4—4 断面图，3—3、5—5 剖面图。

5-14　作形体的 1—1、2—2、3—3、4—4、5—5 断面图。

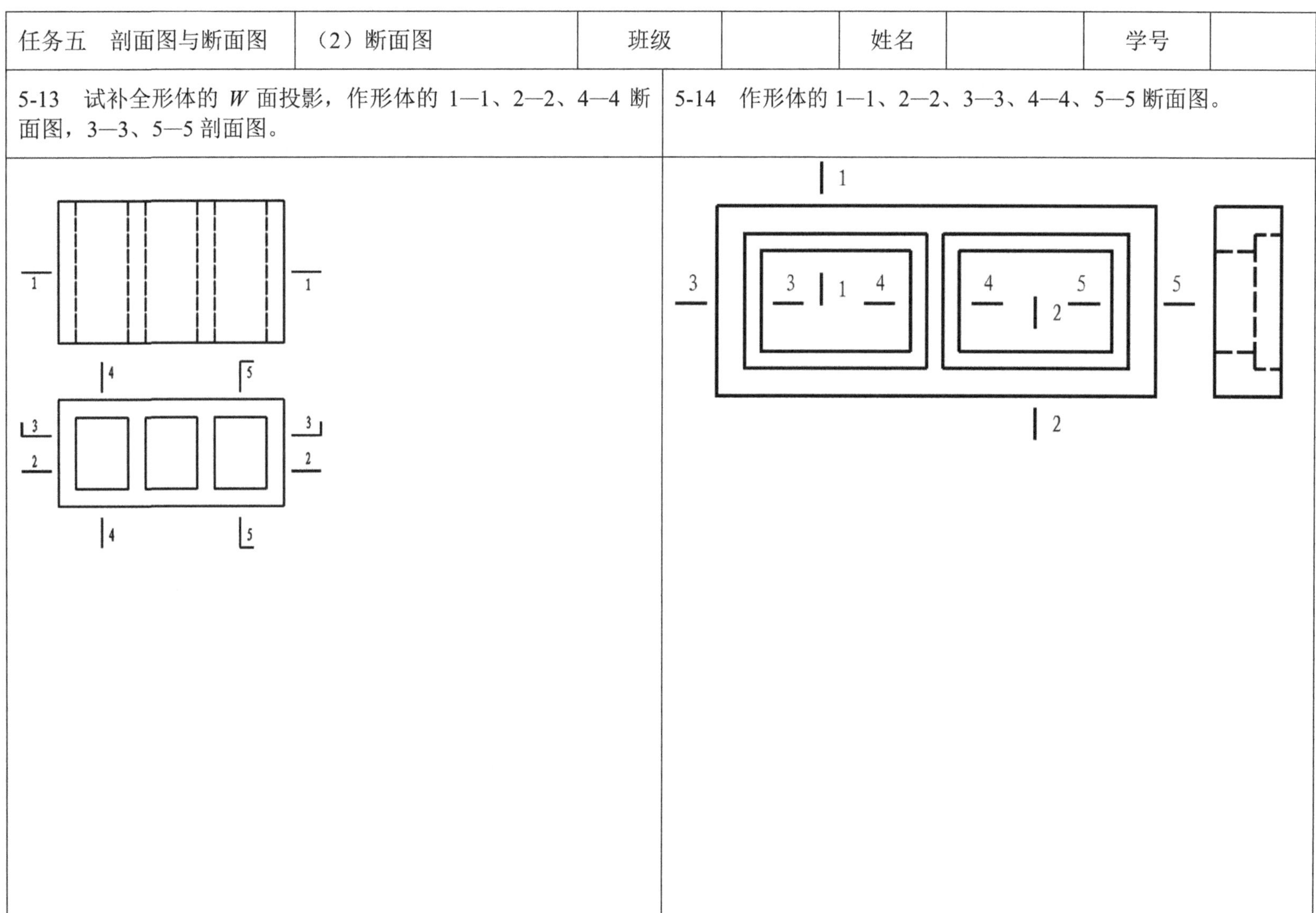

任务五　剖面图与断面图	（3）剖面图、断面图	班级		姓名		学号	

5-15　作钢筋混凝土檩条的 1—1、2—2 剖面图，3—3、4—4、5—5 断面图。

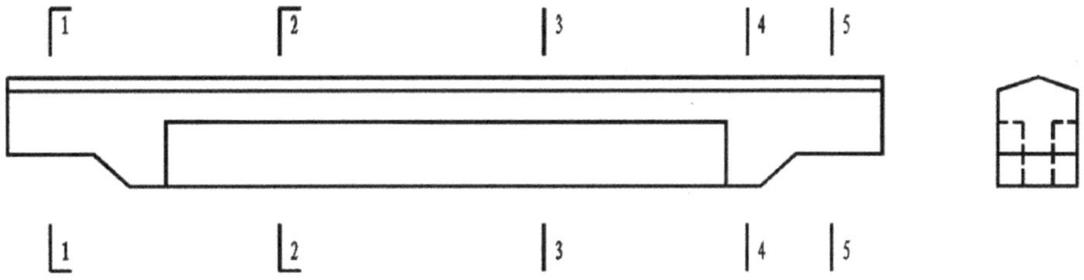

1　2　3　4　5

1　2　3　4　5

5-16　作钢筋混凝土檩条的 1—1、2—2、3—3 剖面图，4—4、5—5 断面图。

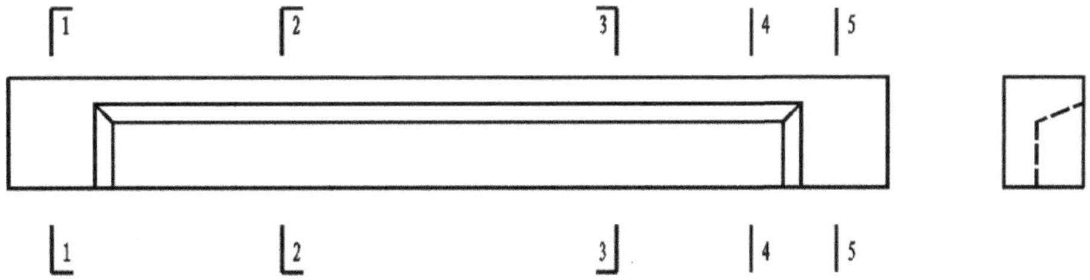

1　2　3　4　5

1　2　3　4　5

任务五　剖面图与断面图	（3）剖面图、断面图	班级		姓名		学号	

5-17　作钢筋混凝土柱子的 1—1、2—2、4—4、5—5 断面图，3—3 剖面图。	5-18　作钢筋混凝土柱子的 1—1、2—2 断面图。
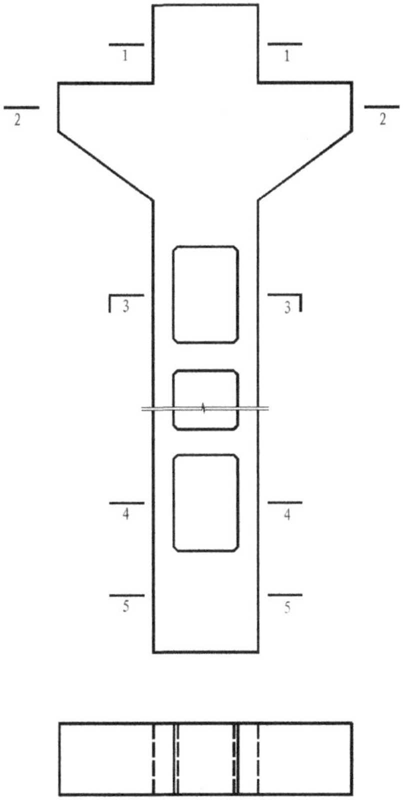 1 1 2 2 3 3 4 4 5 5	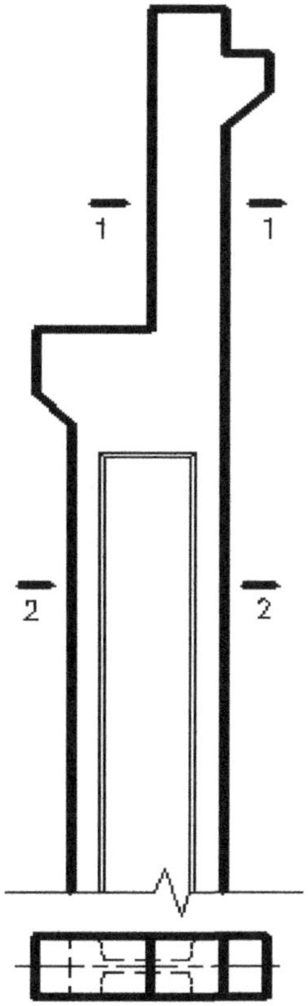 1 1 2 2

任务五　剖面图与断面图	（4）断面图	班级		姓名		学号	

5-19　根据现浇板的正投影图和正等测图，在平面图上作出重合断面图。

5-20　作钢筋混凝土梁的1—1、2—2、3—3断面图。

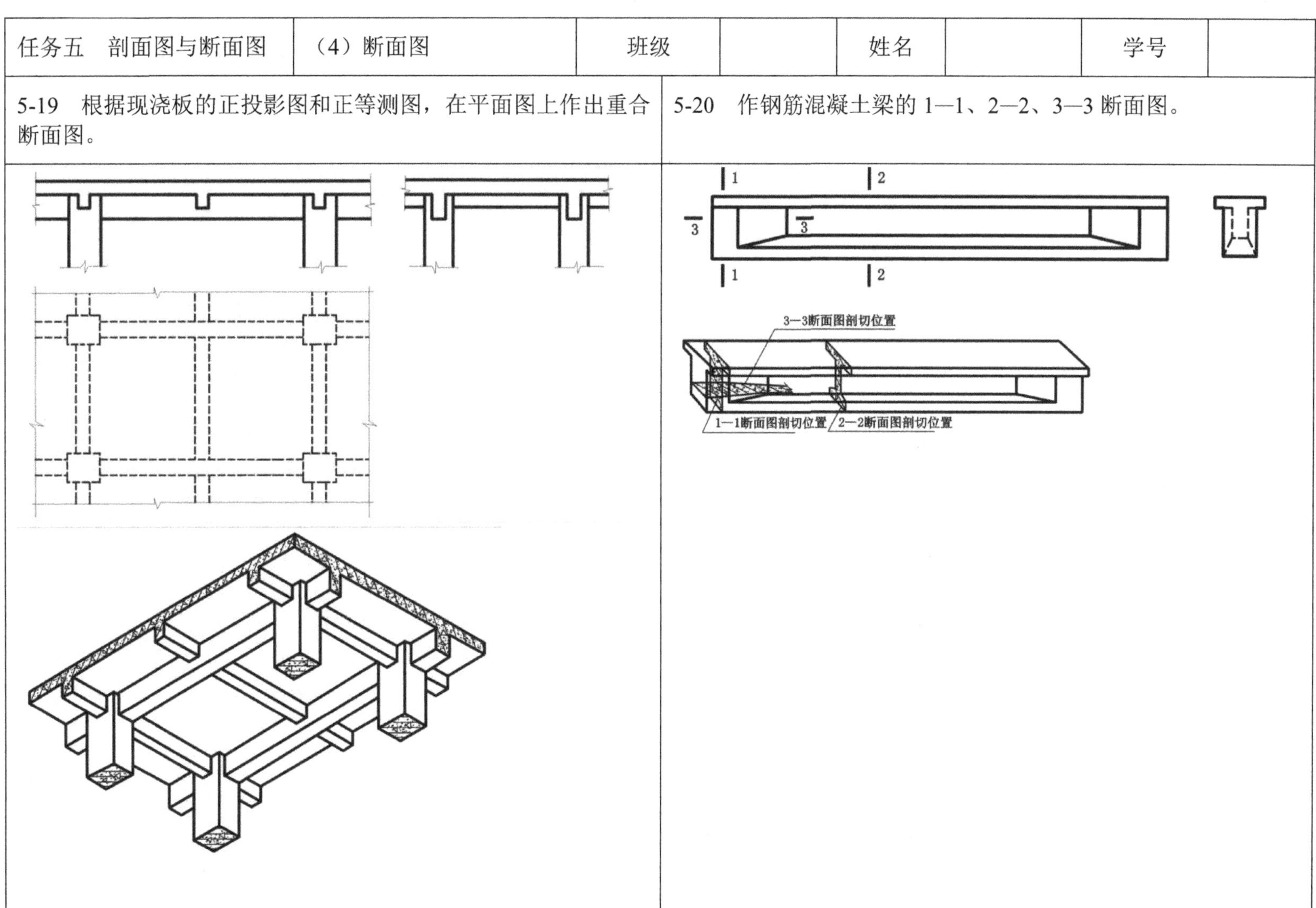

任务六　建筑施工图	班级		姓名		学号	

6-1　判断题。

1. 一套完整的房屋施工图，按其内容和作用可以分为三大类：建筑施工图、结构施工图、设备施工图。（　　）
2. 对于图中需要另画详图的局部构件，为了读图方便，应在图中的相应位置以索引符号标出。（　　）
3. 施工图中的引出线用中实线表示。（　　）
4. 同时引出几个相同部分的引出线，可相互平行，也可画成集中于一点。（　　）
5. 一个详图是通用做法时，可不在轴线圈中注写编号。（　　）
6. 在建筑构造配件图例中，门用M表示，窗用C表示。（　　）
7. 无地下室的六层住宅楼，为不上人屋面形式，最少需要配置三个建筑平面图。（　　）
8. 在建筑施工图首层平面图中，应绘制指北针用以表示建筑物的朝向。（　　）
9. 用于室内墙装修施工和编制工程预算，且表示建筑物体型、外貌和室内装修要求的图样是建筑立面图。（　　）
10. 建筑平面图通常画在具有等高线的地形图上。（　　）
11. 平面图中楼梯段踏面投影数总是比楼梯段的踏步数少1。（　　）
12. 图样尺寸标注中的尺寸数字是表示所标注物体的实际尺寸大小，与图样的比例大小无关。（　　）

6-2　填空题。

1. 建筑工程施工图包括________、________和________三大类。
2. 定位轴线用________线表示，末端圆的直径大小为________，水平方向编号采用________，按从左到右顺序编写，竖直方向编号采用________，按自下而上顺序编写。字母中的________不得作为轴线编号。
3. 附加定位轴线编号(1/2)表示________，编号(2/02)表示________。
4. 标高有________和________两种，总平面图上一般用________，其他平面图上一般用________。
5. 标高符号的小三角形高约________，是三角形。建筑图一般把________定为相对标高的零点，写为________。
6. 标高数字以________为单位，总平面图上注写到小数点后________位，其他平面图上注写到小数点后________位。

任务六　建筑施工图	班级		姓名		学号	

6-2　填空题。

7. 索引符号用________线画，圆的直径为________，索引符号(3/5)中“3”表示________，“5”表示________，索引符号(1/—)中“1”表示________，“—”表示________。剖切索引符号(2/3)表示剖切后从________往________投射画出详图。

8. 详图符号是用________线画出的。详图符号(1/3)中“1”表示________，“3”表示________。

9. 指北针直径大小是________，用________线绘制，箭头尾部宽度为________。

10. 平面图的尺寸标注一般分为三道，最外面一道是________，中间一道是________，最里面一道是________。

11. 建筑总平面图上，新建建筑用________线表示，原有建筑物用________线表示，计划扩建建筑用________线表示，拆除建筑用________线（上面带×）表示。

12. 建筑详图分为________。

13. 在建筑立面图中，房屋立面最外轮廓线用________线画出，室外地坪用________线画出，雨篷、勒脚、檐口等用________线画出。

14. 风向频率玫瑰图中实线表示________，虚线表示________。

6-3　选择题。

1. 定位轴线一般用（　　　　）表示。

　A. 细实线　　B. 粗实线　　C. 细点画线　　D. 双点画线

2. 对于（　　　　），一般用分轴线表达其位置。

　A. 隔墙　　B. 柱子　　C. 大梁　　D. 屋梁

3. 定位轴线一般用（　　　　）表示。

　A. 细实线　　B. 粗实线　　C. 细点画线　　D. 双点画线

4. 关于建筑平面图的图示内容，以下说法错误的是（　　　　）。

　A. 表示内外门窗位置及编号　　B. 表示楼板与梁柱的位置及尺寸

　C. 注出室内楼地面的标高　　D. 画出室内设备和形状

任务六　建筑施工图	班级		姓名		学号	

6-3　选择题。

5. 建筑施工图首页图没有（　　）。
   A. 图样目录　B. 设计说明　C. 总平面图　D. 工程做法表
6. 建筑剖面图一般不需要标注（　　）等内容。
   A. 门窗洞口高度　B. 层间高度　C. 楼板与梁的断面高度　D. 建筑总高度
7. 下列（　　）必定属于总平面图表达的内容。
   A. 相邻建筑的位置　B. 墙体轴线　C. 柱子轴线　D. 建筑物总高
8. 建筑平面图不包括（　　）。
   A. 基础平面图　B. 首层平面图　C. 标准平面图　D. 屋顶平面图
9. 以下（　　）不属于建筑立面图图示的内容。
   A. 外墙各主要部位标高　B. 详图索引符号　C. 散水构造做法　D. 建筑物两端定位轴线
10. 总平面图中，高层建筑宜在图形内右上角以（　　）表示建筑物层数。
   A. 点数　B. 数字　C. 点数或数字　D. 文字说明
11. 建筑立面图不能用（　　）进行命名。
   A. 建筑位置　B. 建筑朝向　C. 建筑外貌特征　D. 建筑首尾定位轴线
12. 外墙装饰材料和做法一般在（　　）上表示。
   A. 首页图　B. 平面图　C. 立面图　D. 剖面图
13. 剖面图中，标注在装修后的构件表面的标高是（　　）。
   A. 结构标高　B. 相对标高　C. 建筑标高　D. 绝对标高
14. 在建筑施工图的平面图中，M 一般代表的是（　　）。
   A. 窗　B. 门　C. 柱　D. 预埋件
15. 室外散水应在（　　）中画出。
   A. 底层平面图　B. 标准层平面图　C. 顶层平面图　D. 屋顶平面图

任务六　建筑施工图	班级		姓名		学号	

6-4　作图题。

1. 在下列方框中绘制相应图例。

混凝土	普通砖	金属	钢筋混凝土
多孔材料	木材	砂、灰土	夯实土

2. 绘制 3 号轴线后附加的第二根轴线和 A 号轴线前附加的第一根轴线。

3. 绘制总平面图室外标高符号、平面图的标高符号和立面图的标高符号。

4. 分别绘制单扇内开平开门、双扇双面弹簧门、水平推拉窗、单层外开平开窗和单层外开上悬窗的图例，包括门窗的平面、立面和剖面图例。

5. 分别绘制总平面图中八层新建建筑图例，六层原有建筑图例，十二层计划扩建建筑图例，二层拟拆除建筑图例。

任务六　建筑施工图	班级		姓名		学号	
6-5　建筑平面图识读（一）。						

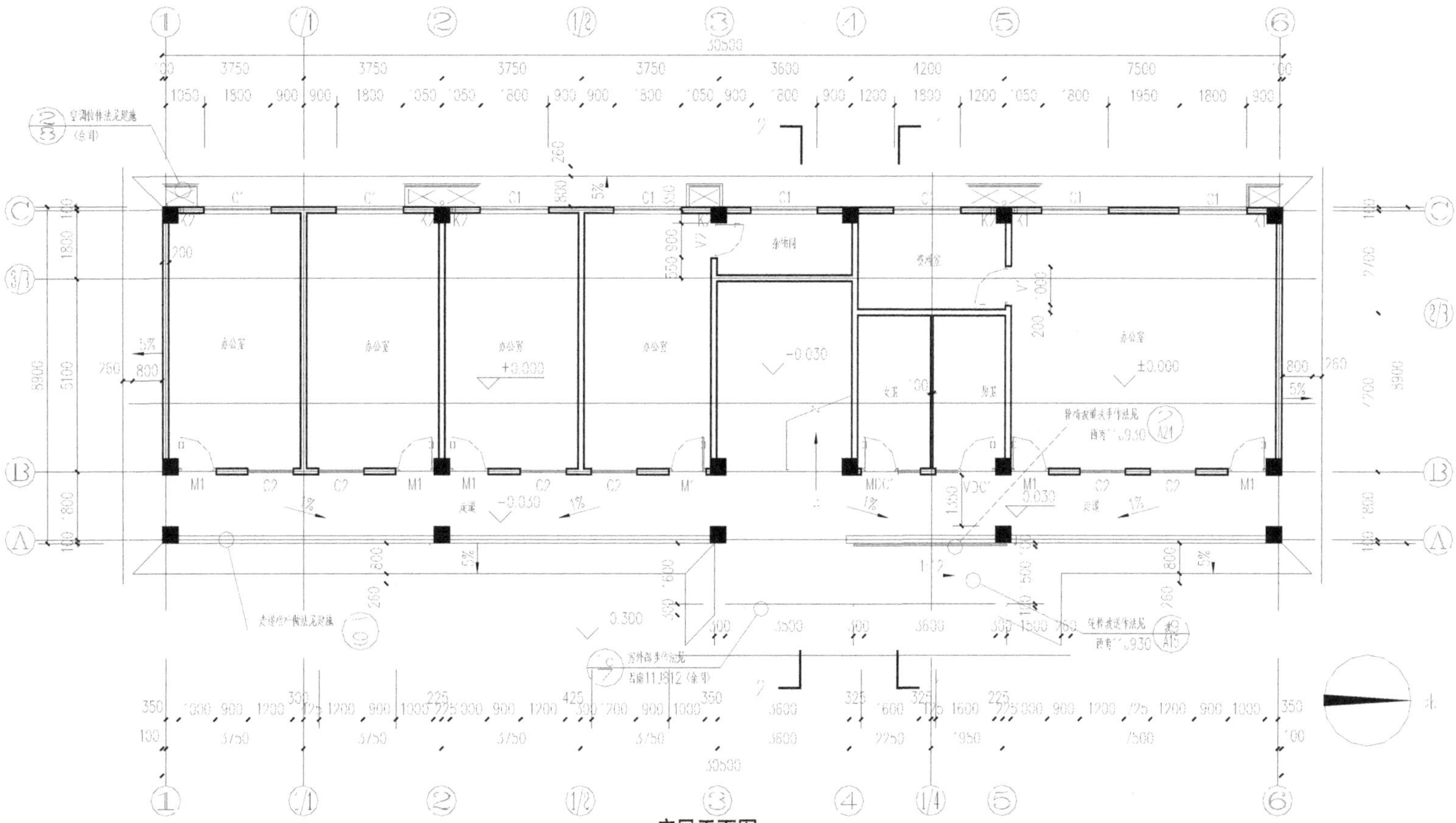

底层平面图 1:100

任务六　建筑施工图	班级		姓名		学号	

6-6　建筑平面图识读（二）。

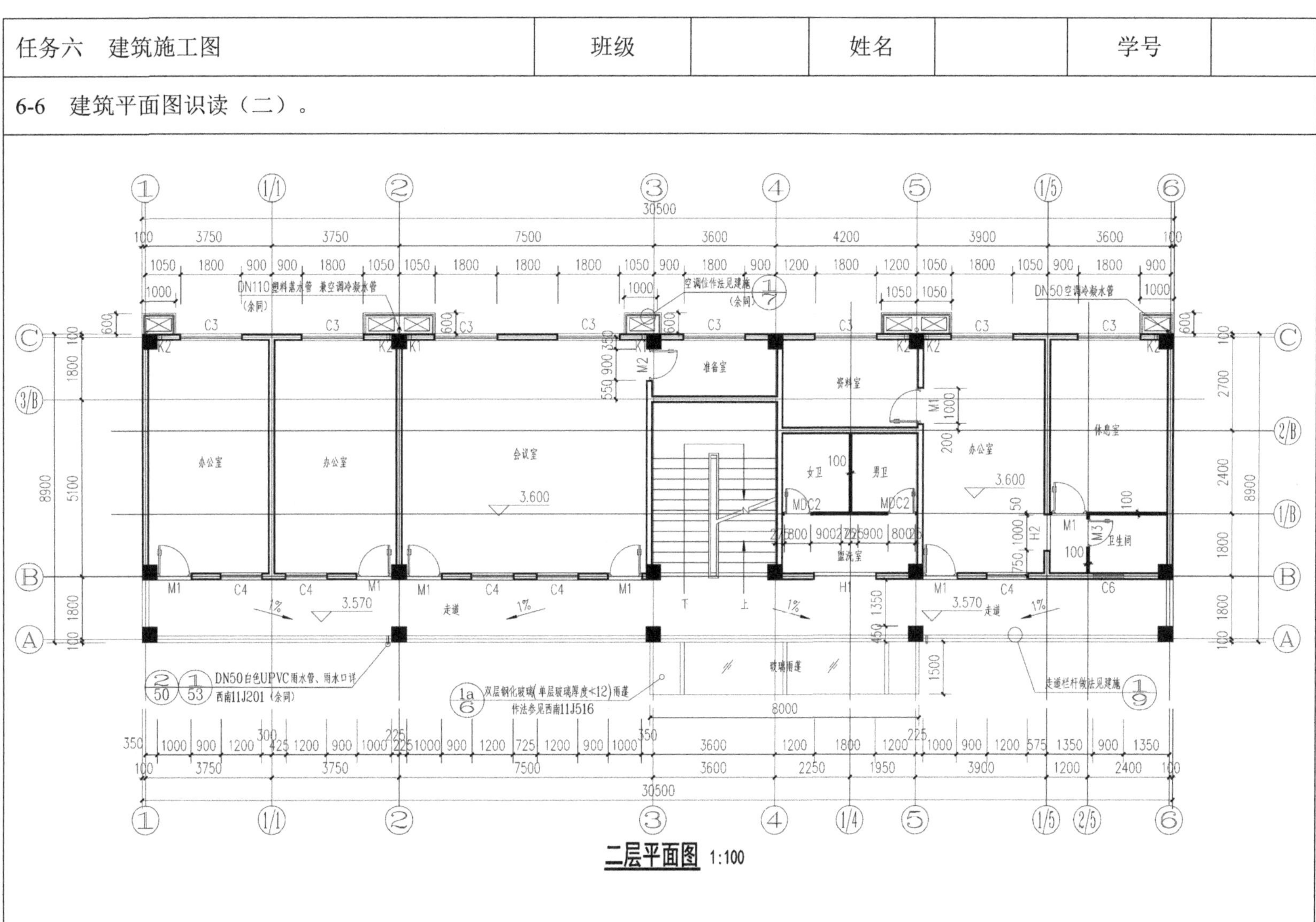

任务六　建筑施工图	班级		姓名		学号	

6-7　建筑立面图识读（一）。

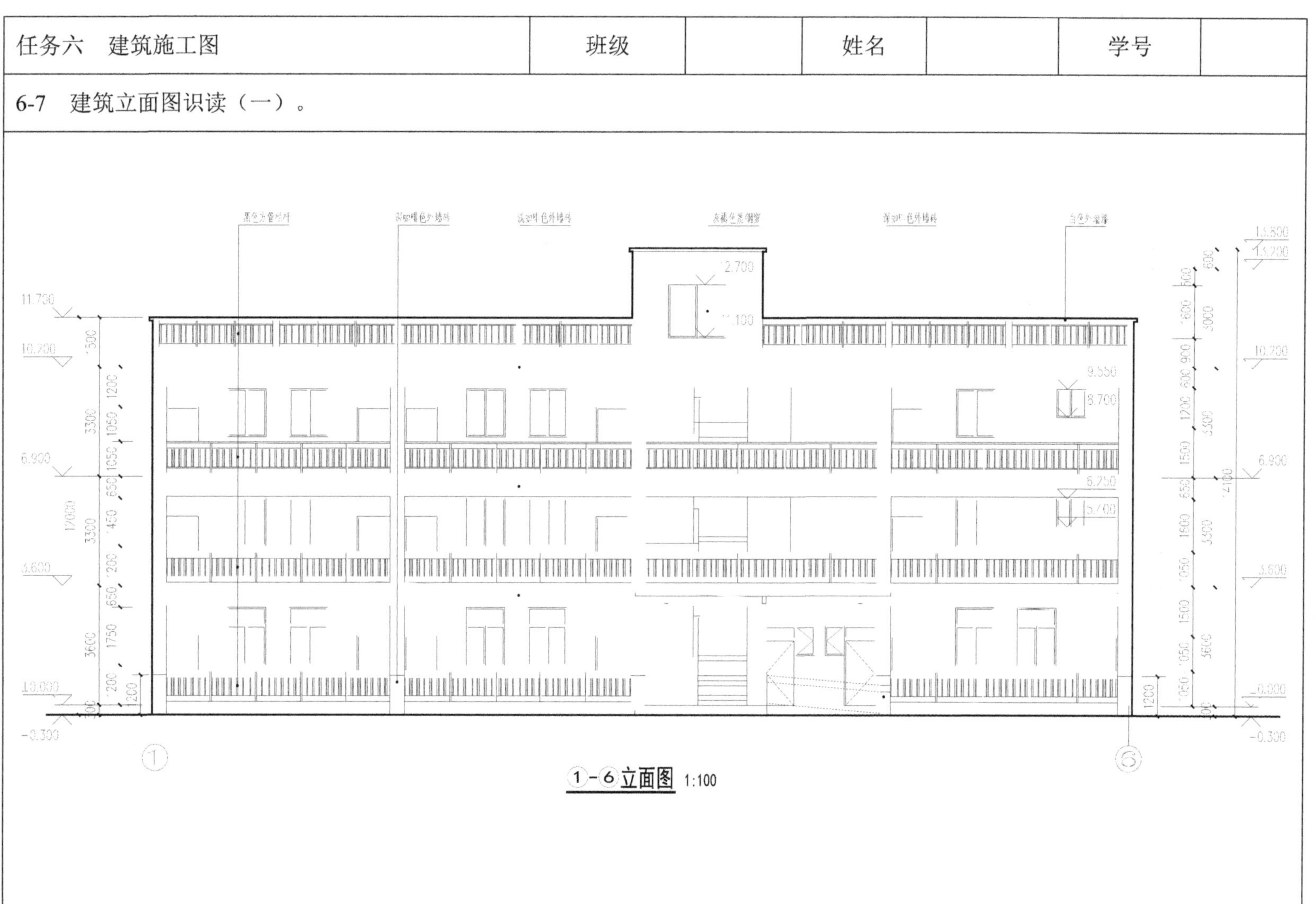

①-⑥立面图 1:100

任务六　建筑施工图	班级		姓名		学号	

6-8　建筑立面图识读（二）。

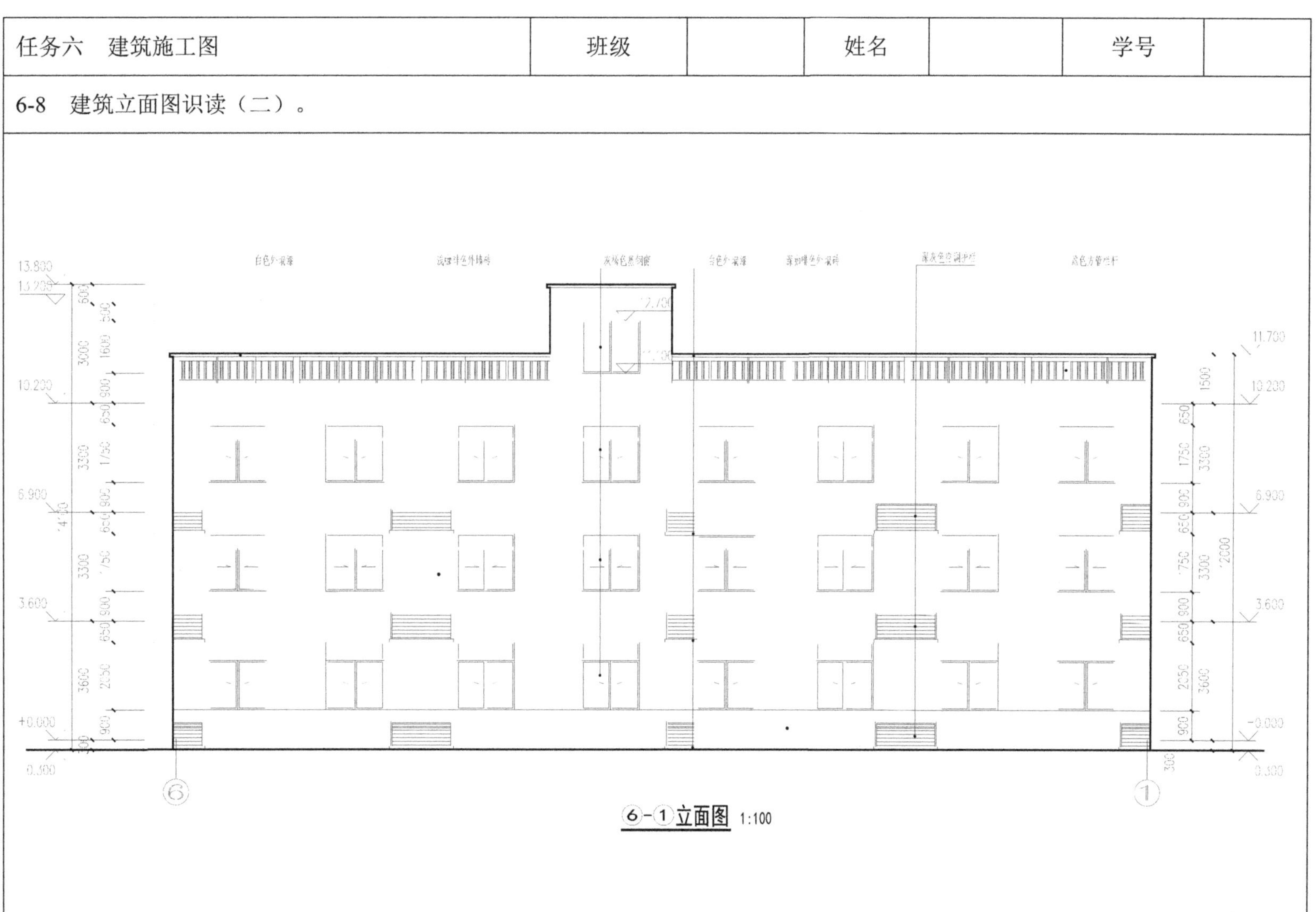

⑥-①立面图 1:100

任务六　建筑施工图	班级		姓名		学号	

6-9　建筑立面图、建筑剖面图识读。

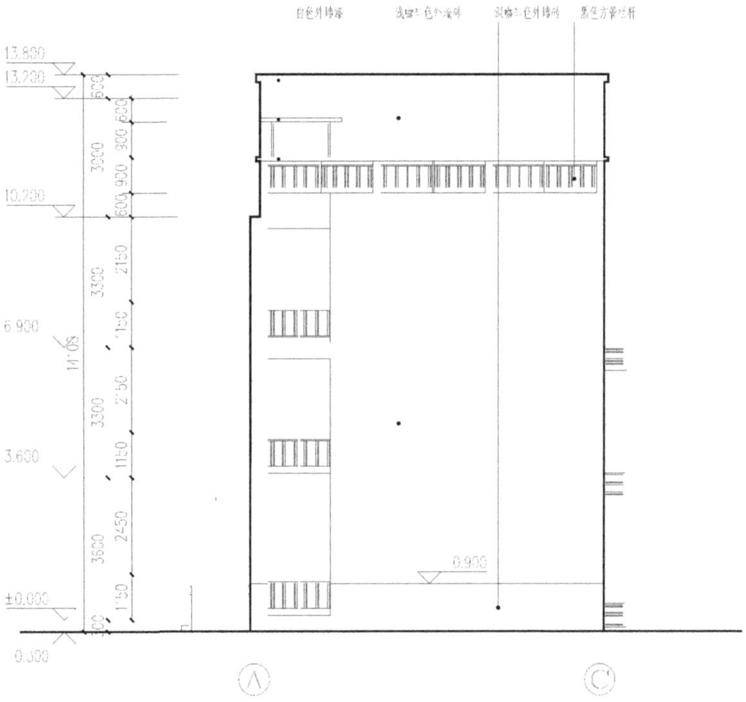

Ⓐ-Ⓒ立面图 1:100

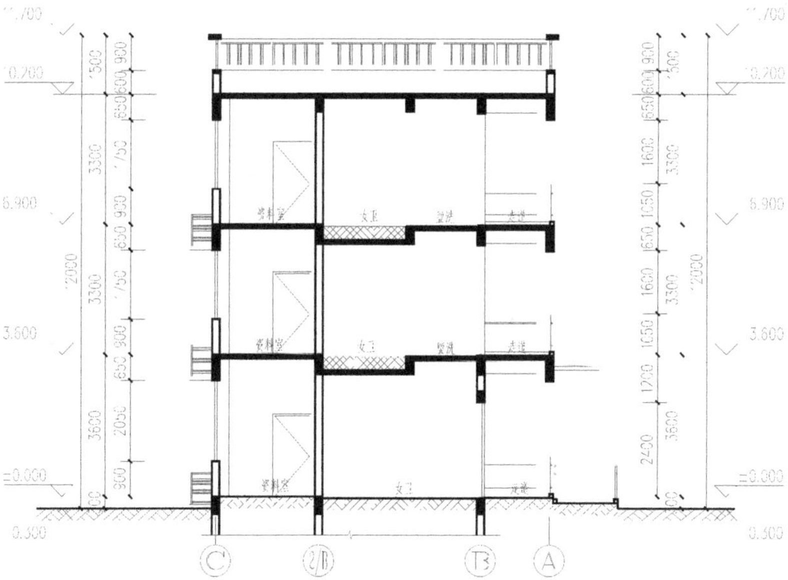

1-1剖面图 1:100

任务六　建筑施工图	班级		姓名		学号	
6-10　楼梯详图识读。						

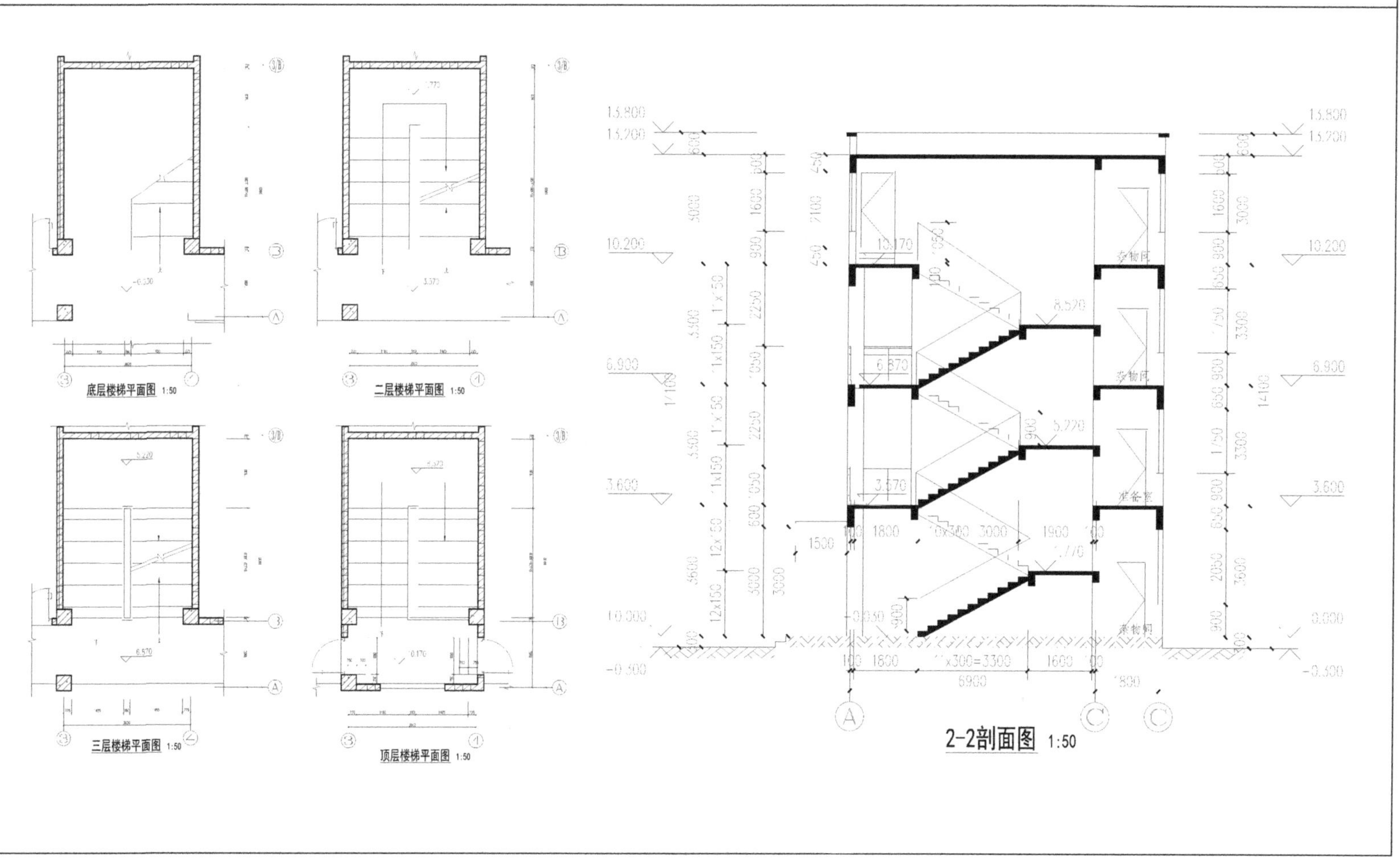

任务六　建筑施工图	班级		姓名		学号	
6-11　建筑施工图绘制。						

建筑施工图抄绘说明

1. 作业目的

熟悉一般建筑施工图各部分的内容和表达方式，通过作业掌握绘制建筑图的方法和步骤。

2. 作业内容

抄绘习题集中 P64~69 建筑施工图实例。

3. 作业要求

（1）图幅：A3。

（2）平、立、剖面图采用 1:100 的比例；楼梯详图采用 1:50 的比例。

（3）图线。

平面图图线：剖切到的墙身轮廓线线宽约为 0.7 mm，未剖切到的可见轮廓线线宽约为 0.35 mm，定位轴线、尺寸线等线宽约为 0.18 mm；

立面图图线：立面图最外轮廓线线宽约为 0.5 mm，室外地坪线线宽约为 0.7 mm，突出的墙面、台阶和门窗洞等轮廓线线宽约为 0.25 mm，门窗分割线、墙面引条线、标高符号和说明引出线等线宽约为 0.13 mm；

剖面图图线：剖切到的轮廓线线宽约为 0.5 mm，室外地坪线线宽约为 0.7 mm，定位轴线、尺寸线等线宽约为 0.15 mm；

楼梯详图图线：剖切到的轮廓线线宽约为 0.5 mm，室外地坪线线宽约为 0.7 mm，墙身线、踏步等轮廓线线宽约为 0.25 mm，门窗图例、定位轴线、尺寸、标高符号和折断线等线宽约为 0.13 mm。

（4）字体：汉字采用长仿宋体。图名用 7 号字，平面图中各部分名称用 5 号字，轴线编号数字用 5 号字，尺寸数字和标高数字采用 3.5 号字。

（5）标题栏的大小见教材，格式由任课教师自行指定。

（6）作图应准确、图线粗细分明、尺寸标注无误、字体端正整齐、图面布置合理。

任务七　结构施工图	班级		姓名		学号	

7-1　判断题。

1. 结构施工图一般包括：结构设计说明、结构平面布置图和构件详图。（　　）
2. 结构施工图是表示建筑物的承重构件的布置、形状、内部构造和材料做法等的图样。（　　）
3. 结构平面图中的定位轴线与建筑平面图或总平面图中的定位轴线应一致，同时结构平面图要标注结构标高。（　　）
4. 构件的外形轮廓线应画成细长点画线。（　　）
5. 基础平面图中基础轮廓线用细实线绘制，基础上方墙体或柱子的轮廓线用粗实线绘制。（　　）
6. 在结构施工图中，为了突出钢筋的配置位置，把钢筋画成细实线，构件轮廓线画成粗实线。（　　）
7. 钢筋混凝土板配筋图中，板底钢筋的弯钩向上或向左，板顶钢筋的弯钩向下或向右。（　　）
8. 板的配筋图一般只画出它的平面图和移出断面图。（　　）
9. 在施工图中进行标高标注时，零点标高前需加注“±”号，负标高前需加注“–”号，正标高前需加注“+”号。（　　）
10. 钢筋标注“ϕ8@200”表示了钢筋的级别、直径、间距和弯钩形状。（　　）
11. 钢筋的标注 2ϕ16 中，ϕ 表示钢筋的直径符号。（　　）
12. 结构标高是构件包括粉刷层在内的装修完成后的标高。（　　）
13. 识读基础详图可以了解基础埋深及基础底部宽度。（　　）
14. 框架梁内的全部纵筋应集中标注。（　　）
15. 钢筋详图应按照钢筋在立面图中的位置由上而下，用同一比例绘制。（　　）

7-2　填空题。

1. 写出以下常用建筑构件的名称：

WJ（　　）　J（　　）　QL（　　）　ZH（　　）　GZ（　　）　YP（　　）　AZ（　　）　M（　　）　WKL（　　）

2. 写出以下结构构件的代号：

屋面板（　　）　基础梁（　　）　楼梯梁（　　）　框架柱（　　）　过梁（　　）　墙板（　　）　阳台（　　）
连系梁（　　）　柱子（　　）

任务七　结构施工图	班级		姓名		学号	

7-2　填空题。

3. 在现浇钢筋混凝土楼板中配置双层钢筋时，底层钢筋的弯钩应________或________，顶层钢筋的弯钩应________或________。
4. 钢筋混凝土墙体中配置双层钢筋时，在配筋立面图中，远面钢筋的弯钩应________或________，而近面钢筋的弯钩应________或________。
5. 结构施工图中“ϕ 8@200”，ϕ 表示________，8 表示________，@是符号________，200 表示________。
6. 为保护钢筋、防蚀防火，并加强钢筋与混凝土的黏结力，钢筋至构件表面应有一定厚度的混凝土，这层混凝土称为________，一般梁的保护层厚度为________。
7. 配置在钢筋混凝土结构中的钢筋，按其作用可为分________、________、________、________、________，其中承受拉、压应力的是________。
8. 钢筋混凝土构件详图，一般包括________、________、________及________。
9. 钢筋混凝土构件配筋图通常应画出________、________和________。
10 混凝土是由________、________、________和________按一定例配合，经搅拌、捣实、养护而成的一种人造石。

7-3　选择题。

1. 标注ϕ6@200 中，以下说法错误的是（　　）。
   A. ϕ为直径符号，且表示该钢筋为Ⅰ级　　B. 6 代表钢筋根数
   C. @为间距符号　　D. 200 代表钢筋间距为 200 mm
2. 砖混结构房屋结构平面图一般没有（　　）。
   A. 基础平面图　　B. 底层结构平面布置图　　C. 楼层结构平面布置图　　D. 屋面结构平面布置图
3. 一般梁中保护层厚度为（　　）。
   A. 10 mm　　B. 15 mm　　C. 20 mm　　D. 25 mm
4. 一般板中保护层厚度为（　　）。
   A. 5 mm　　B. 15 mm　　C. 20 mm　　D. 25 mm
5. 钢筋混凝土结构中承受力学计算中拉、压应力的钢筋称为（　　）。
   A. 受力筋　　B. 架立筋　　C. 箍筋　　D. 分布筋
6. 配筋图中的钢筋用（　　）表示。
   A. 细实线　　B. 粗实线　　C. 虚线　　D. 黑圆点

任务七　结构施工图	班级		姓名		学号	

7-3　选择题。

7. 按照钢筋所起的作用不同，在钢筋混凝土构件中没有（　　）。

A. 受力筋　　B. 分布筋　　C. 架立筋　　D. 光滑筋

8. 钢筋混凝土基础的受力筋配置在基础底板的（　　）。

A. 上部　　B. 下部　　C. 中部　　D. 以上均可

9. 钢筋的种类代号“ϕ”表示的钢筋种类是（　　）。

A. HPB300 钢筋　　B. HRB335 钢筋　　C. HRB400 钢筋　　D. RRB400 钢筋

10. 基础外轮廓线用(　　)绘制。

A. 粗实线　　B. 中粗实线　　C. 细实线　　D. 细虚线

11. 关于基础平面图画法规定的表述中，以下正确的有（　　）。

A. 不可见的基础梁用细虚线表示　　B. 地沟用粗实线表示

C. 穿过基础的管道洞口可用粗实线表示　　D. 剖到的钢筋混凝土柱用涂黑表示

12. 条形基础上设有基础梁的可见的梁用（　　）表示。

A. 细实线　　B. 粗实线　　C. 虚线　　D. 细点画线

13. 基础各部分形状、大小、材料、构造、埋置深度及标号都能通过（　　）反映出来。

A. 基础平面图　　B. 基础剖面图　　C. 基础详图　　D. 总平面图

14. 在楼板平面图中，如图所示的钢筋表示（　　）钢筋。

A. 顶层　　B. 底层　　C. 顶层和底层　　D. 都不是

15. “ϕ8@200”没能表达出这种钢筋的（　　）。

A. 弯钩形状　　B. 级别　　C. 直径　　D. 间距

16. 配筋图中②ϕ8 @ 200 所表达的内容不正确的是（　　）。

A. 2 根钢筋　　B. 直径 8 mm　　C. 间距 200 mm 配置　　D. I 级 HPB300 钢筋

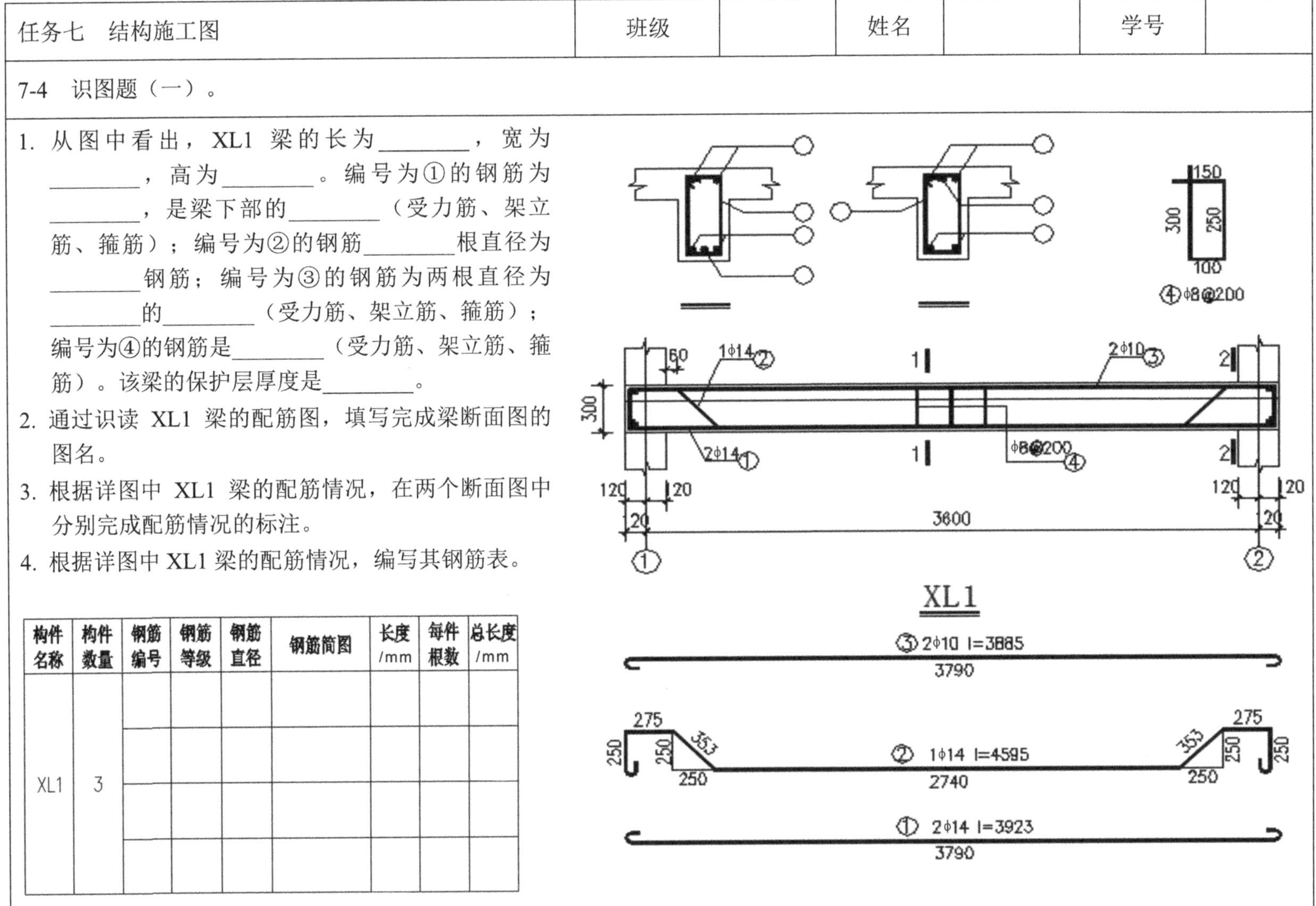

任务七 结构施工图	班级		姓名		学号	

7-4 识图题（一）。

1. 从图中看出，XL1 梁的长为________，宽为________，高为________。编号为①的钢筋为________，是梁下部的________（受力筋、架立筋、箍筋）；编号为②的钢筋________根直径为________钢筋；编号为③的钢筋为两根直径为________的________（受力筋、架立筋、箍筋）；编号为④的钢筋是________（受力筋、架立筋、箍筋）。该梁的保护层厚度是________。
2. 通过识读 XL1 梁的配筋图，填写完成梁断面图的图名。
3. 根据详图中 XL1 梁的配筋情况，在两个断面图中分别完成配筋情况的标注。
4. 根据详图中 XL1 梁的配筋情况，编写其钢筋表。

构件名称	构件数量	钢筋编号	钢筋等级	钢筋直径	钢筋简图	长度/mm	每件根数	总长度/mm
XL1	3							

任务七　结构施工图	班级		姓名		学号	
7-5　识图题（二）。						

识读 KL2 的结构施工图完成下列问题。

1. 解析 KL2 梁的集中标注。

KL2(2A) 300x650
Φ8@100/200(2) 2Φ25
G4Φ10
(-0.100)

2Φ25+2Φ22　6Φ25 4/2　4Φ25　4Φ25

6Φ25 2/4　4Φ25　2Φ16 Φ8@100(2)

2. 根据平法标注，完成 KL2 梁指定断面的钢筋标注。

650　300　300　300　300

1-1　2-2　3-3　4-4

7-6　基础施工图识读。

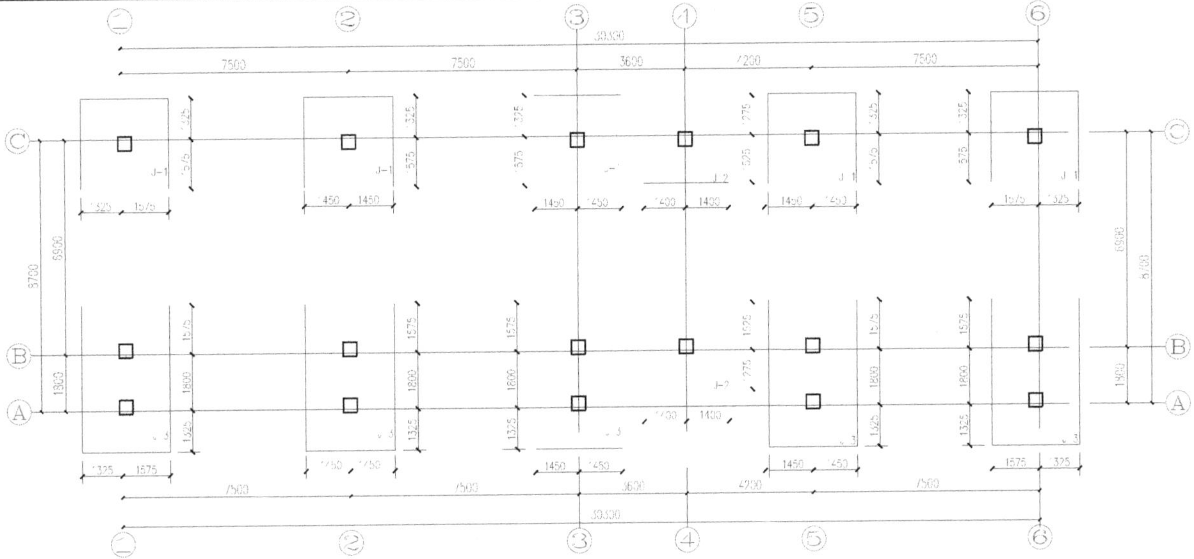

基础平面布置图 1:100

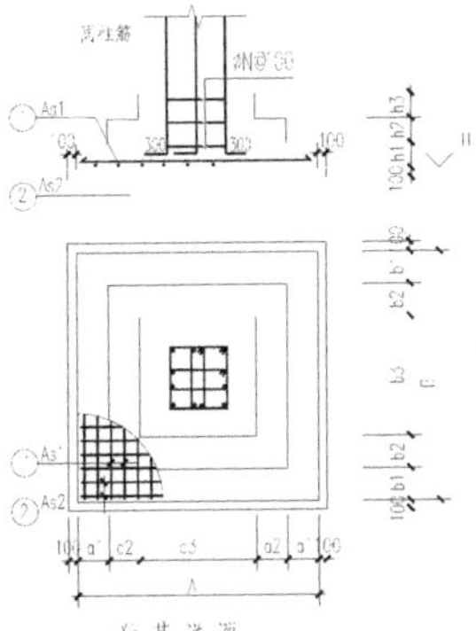

独基详图

独立基础参数表

基础编号	柱截面	基础平面尺寸								基础高度			基础底板配筋	
	b×h	A	a1	a2	a3	B	b1	b2	b3	h1	h2	h3	① As1	② As2
J-1	750×750	2900	600	/	1700	2900	600	/	1700	450	/	350	Φ16@150	Φ16@150
J-2	750×750	2800	550	/	1700	2800	550	/	1700	450	/	350	Φ16@160	Φ16@160
J-3	详柱平面图	2900	600	/	1700	4700	500	/	3500	450	/	350	Φ16@160	Φ16@150
备注	J-17于基础顶板处设双向Φ16@160钢筋网													

任务七　结构施工图	班级		姓名		学号	

7-7　柱子配筋图识读。

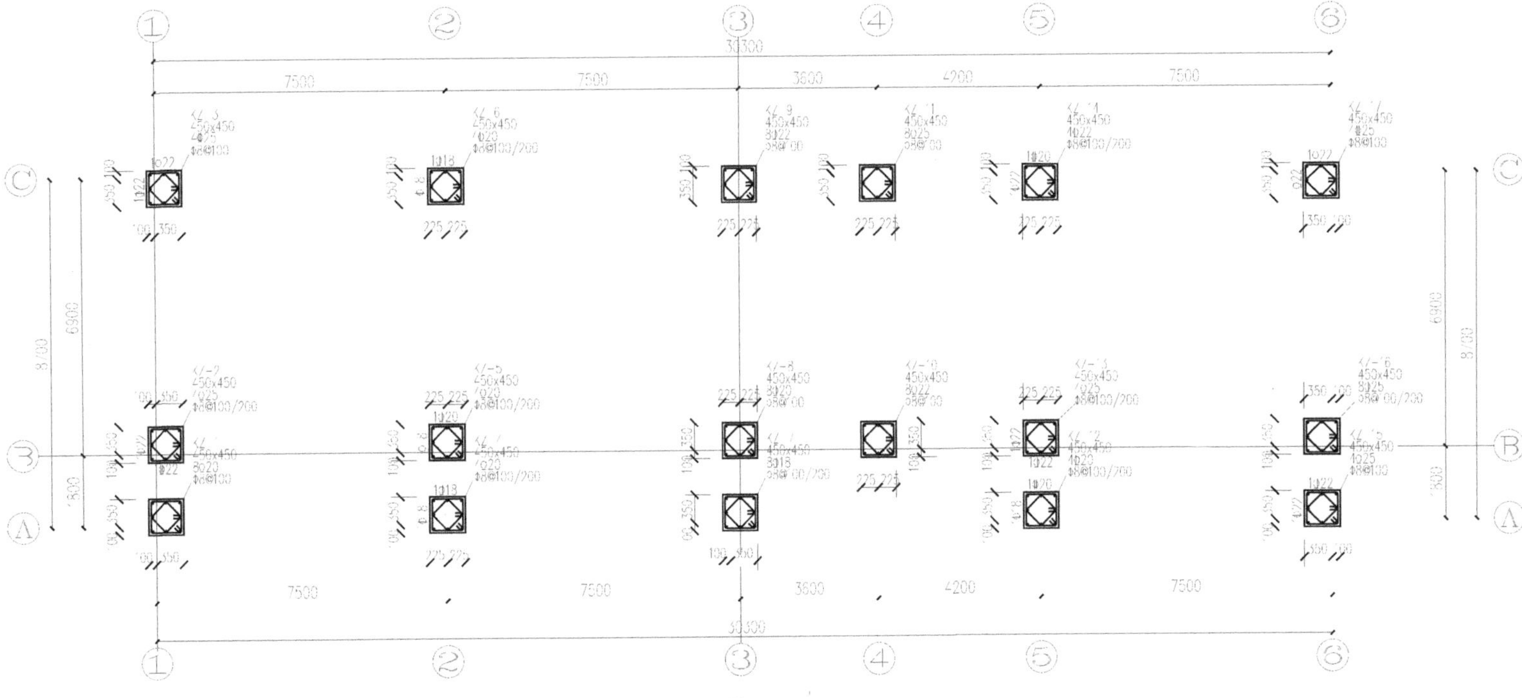

一层柱配筋图 1:100

基底标高~3.570

7-8　梁配筋图识读。

二层梁配筋图 1:100

梁顶标高：-- 3.570

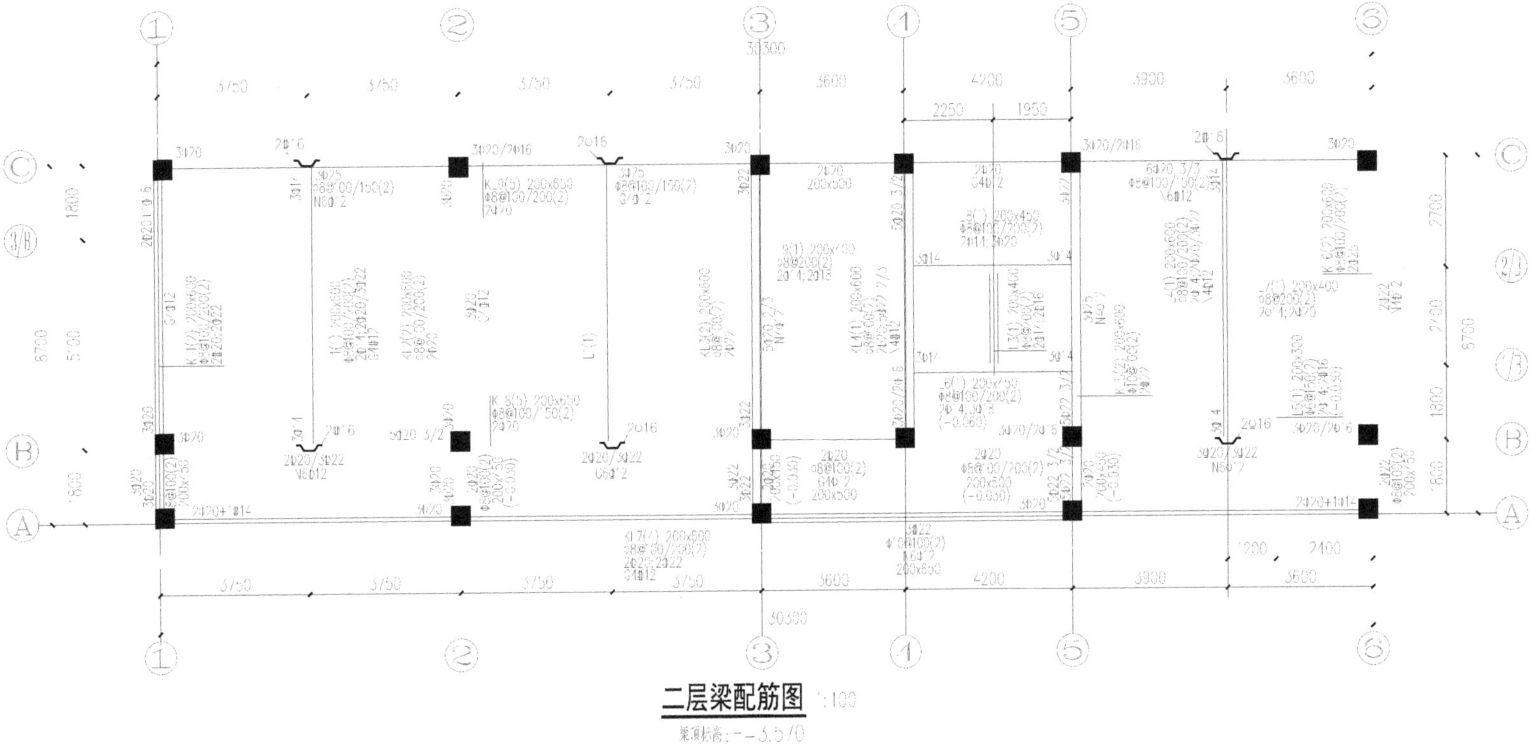

任务七　结构施工图	班级		姓名		学号	

7-9　板配筋图识读。

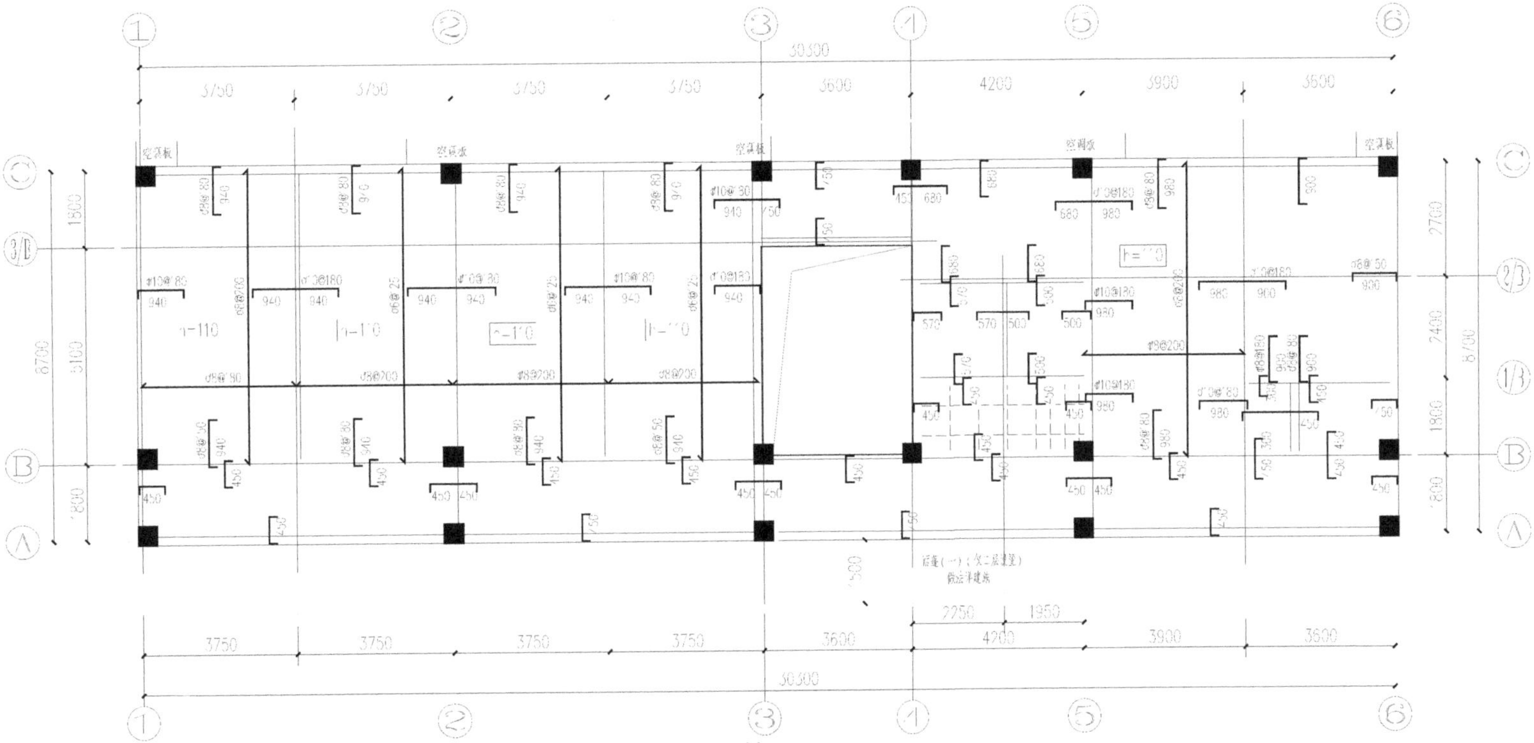

二、三层板配筋图 1:100

板面标高：H=3.570，6.870

任务七　结构施工图	班级		姓名		学号	
7-10　楼梯配筋图识读。						

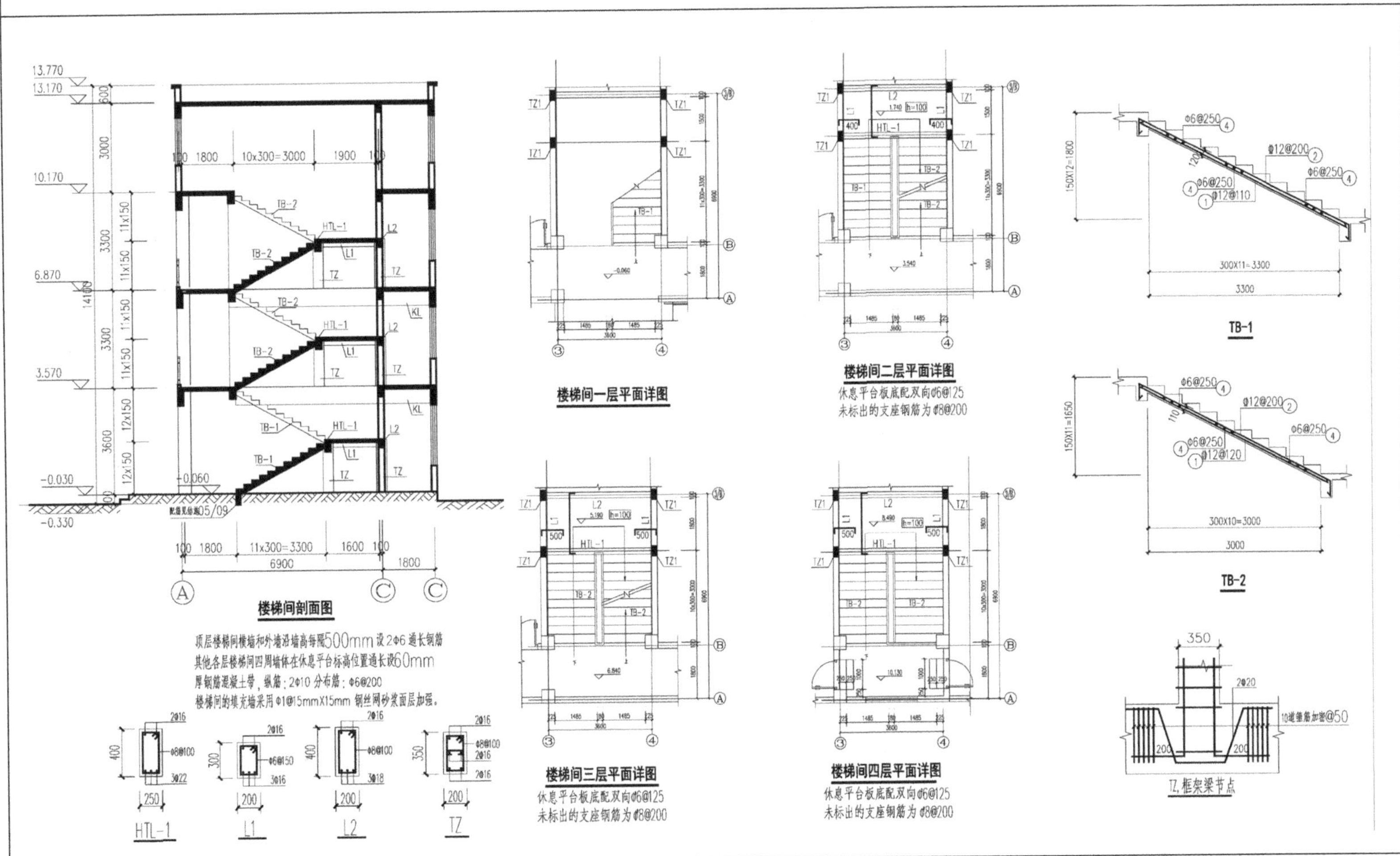